U0155486

海洋百科丛书

探海观澜

海洋观测的奥秘

热带海洋环境国家重点实验室（中国科学院南海海洋研究所） 编著

SPM 南方出版传媒
广东科技出版社｜全国优秀出版社
·广 州·

图书在版编目（CIP）数据

探海观澜：海洋观测的奥秘 / 热带海洋环境国家重点实验室（中国科学院南海海洋研究所）编著. —广州：广东科技出版社，2021.6

ISBN 978-7-5359-7643-7

Ⅰ. ①探… Ⅱ. ①热… Ⅲ. ①海洋监测—普及读物 Ⅳ. ①P71-49

中国版本图书馆CIP数据核字（2021）第079186号

探海观澜——海洋观测的奥秘

Tanhai Guanlan：Haiyang Guance de Aomi

出 版 人：朱文清

责任编辑：张远文　李　杨　彭秀清

责任校对：于强强

责任印制：彭海波

出版发行：广东科技出版社

（广州市环市东路水荫路11号　邮政编码：510075）

销售热线：020-37592148 / 37607413

http：//www.gdstp.com.cn

E-mail：gdkjcbszhb@nfcb.com.cn

经　　销：广东新华发行集团股份有限公司

印　　刷：广州市彩源印刷有限公司

（广州市黄埔区百合三路8号　邮政编码：510700）

规　　格：889mm × 1194mm　1/16　印张8.5　字数200千

版　　次：2021年6月第1版

2021年6月第1次印刷

定　　价：68.00元

编委会

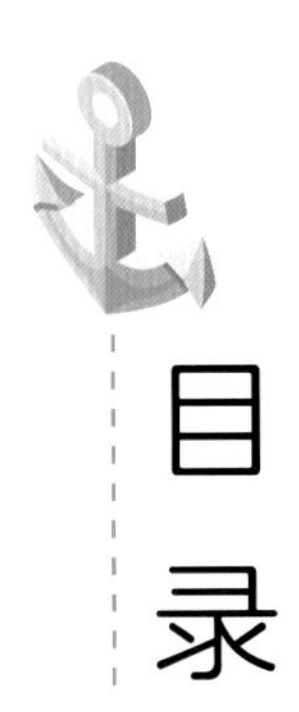

目录

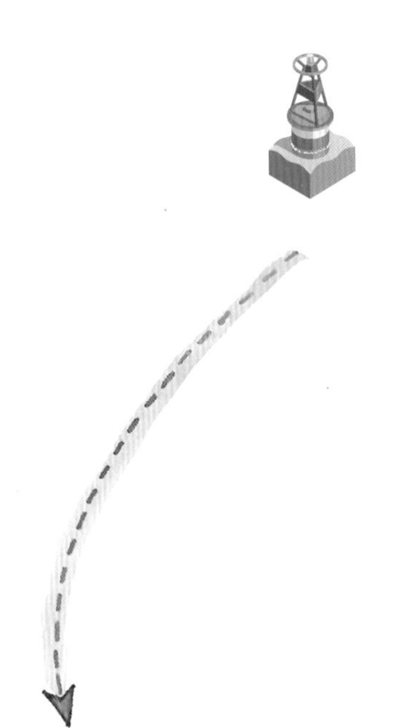

海洋观测探秘：海洋观测都观测些什么

走进海洋立体观测时代：海洋立体观测网

大国重器：中国海洋观测利器

身边的海洋观测：海洋预报与应用

探海观澜：海洋科考探险记

序

我国是海洋大国，拥有300万千米^{2}海洋国土和3.2万千米海岸线。自古以来，沿海人民因海而生，向海而兴，沿海城市成就了海洋经济与科技发展的重镇。随着综合国力的攀升，我国愈加重视海洋权益维护、海洋资源开发、海洋灾害预警预报、海洋环境保护等方面。

中国科学院南海海洋研究所地处我国南大门——广州，自1959年1月成立以来，肩负国家使命，逐步展开了由近海走向深海大洋的科学研究探索。历经60余载艰苦卓绝的深耕奋斗，中国科学院南海海洋研究所现已建设成为一个拥有1个国家重点实验室、6个中国科学院重点实验室（中心）、4个广东省重点实验室、6个野外观测及实验站、4艘大型海洋科学考察船，以及可长期并靠4艘船的淡水码头的综合性海洋研究机构。

海洋观测与调查是海洋科学研究的基石。物理海洋、海洋生物、海洋地质、海洋环境等学科研究是基于海上大量现场观测与调查取样而开展的。观测数据可以经过再分析同化过程用于海洋数值模拟研究，从而实现海洋、气候的模拟预警预报。在国家的长期支持下，中国科学院南海海洋研究所于20世纪70年代开始对中沙、西沙、南海东北部开展科学考察；1984年以来，开启了不间断的南沙考察；1985—1993年执行了6次西太平洋科学考察，其中第6次航次参与了全球联合观测“TOGA-COARE”计划，实现了海洋观测的首次国际合作；2004年9月，中国科学院南海海洋研究所自筹经费在国内率先组织实施了南海北部开放航次计划，该区域观测研究坚持至今；2010年起，开启印度洋航次科学考察研究。迄今为止，中国科学院南海海洋研究所已构建了相对完善的南海-印度洋海洋环境实时观测传输网络，并建立了南海海洋数据中心。同时，中国科学院南海海洋研究所十分重视观测仪器的自主研发，积极承担国家“863”计划（高技术研究发展计划）、重大科学仪器设备研发专项和重点研发计划等任务，为我国高新技术发展与国家安全保障贡献力量。

热带海洋环境国家重点实验室立足南海，面向邻近热带大洋，依托中国科学院南海海洋研究所支撑体系开展了大量的海洋观测与调查工作，在区域海洋学理论研究、解决关键科学问题、提升海洋观测技术以及海洋仪器的研发应用等方面做出突出贡献。未来，实验室将继续围绕国家重大需求，深化基础理论研究与关键技术发展，为我国海洋强国战略、“一带一路”伟大倡议和粤港澳大湾区建设提供服务。

今年，正值中国共产党成立100周年，也是热带海洋环境国家重点实验室挂牌运行的第10个年头，我们谨以此书向党的生日献礼，也向我国一代又一代的海洋科学家致敬！我们希望以简单生动的方式将我们的部分工作介绍给读者朋友们，从而鼓舞与引领新时代的青少年热爱海洋、投身海洋事业。勇立潮头敢为先，未来属于年轻人！

中国工程院院士

2021年5月

前 言

建设海洋强国是新时期中国特色社会主义事业的重要组成部分，对实现中华民族伟大复兴具有重大而深远的意义。建设海洋强国除了必备的物质和经济基础之外，还需要加强海洋知识科普，激发和培养年轻人对海洋研究的热情，促进公众对海洋科学的了解。

海洋观测是研究海洋、模拟海洋、预报海洋、开发海洋、利用海洋的基础。本书首先从空天基、陆基和海基三个不同视角展示了我国现有海洋观测技术，并对我国海洋观测的大国重器进行了详细介绍；其次，通过南海海洋环境实时预报系统建设等三个应用案例，突出海洋观测的重要现实意义；最后结合中国科学院南海海洋研究所相关资料，回顾了我国早期海洋科考经历。

本书作为一本海洋观测科普读物，深入浅出、图文并茂，在增加趣味性的同时，帮助读者轻松获取现代海洋知识，以科普的形式让公众了解海洋科学，为实现海洋强国梦贡献力量。

本书得以付梓，要对大力帮助、支持本书出版的专家、学者们致以深深的谢意，他们是：郭开松、何云开、李刚、李淑、刘民义、施平、王月、穊础茵、张乔民、赵焕庭、周志远（中国科学院南海海洋研究所）；蒋兴伟、贾永君、叶小敏、王兆麟（国家卫星海洋应用中心）；谢强（中国科学院深海科学与工程研究所）；张汉龙（南方海洋科学与工程广东省实验室）；杨宏峰（香港中文大学）。

热带海洋环境国家重点实验室主任 王东晓

2021年5月

海洋调查是海洋科学研究的基础，是人类认识海洋的第一步。海洋科学中里程碑式的重大发现，如经典的埃克曼（Ekman）漂流理论，都是和前期海洋调查密切相关的。

海洋学的传统专业是海洋地貌学、海洋地质学、物理海洋学、化学海洋学、生物海洋学和渔业海洋学，还包括与国民经济息息相关的海洋环境生态学和海洋经济学。海洋调查航次一般是多海洋学专业联合进行的综合性海洋调查。

海洋观测通常是指在海上用仪器设备观察和测量海洋环境要素的过程。海洋观测技术的不断发展进步（如遥感技术），不仅直接促成海洋科学的重大发现，还会带来海洋科学研究的变革。

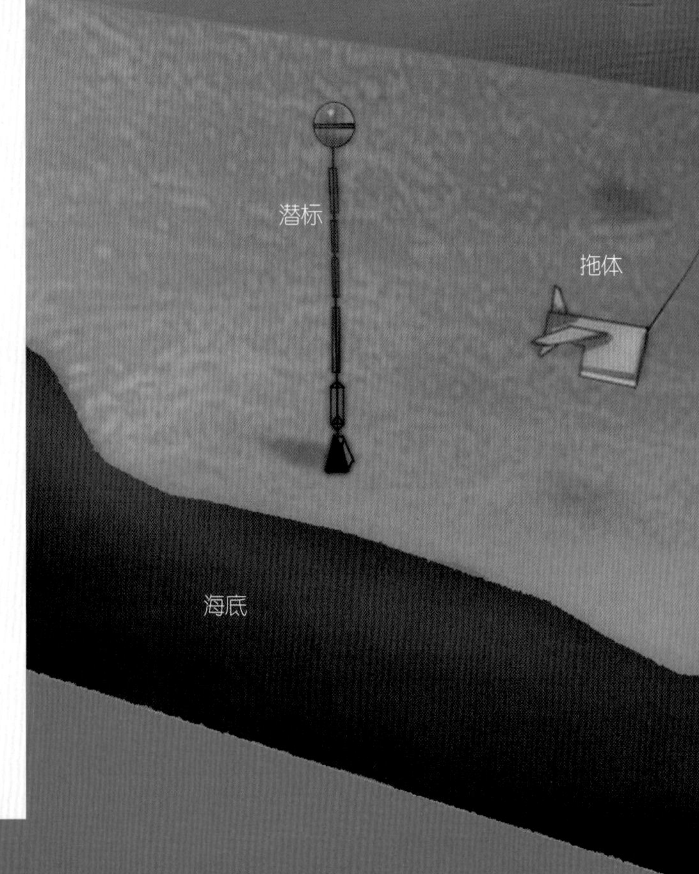

通信卫星
遥感卫星
系留气球
航空遥感
地波雷达
平台站
大浮标
光学浮标
小浮标
海面
表面漂流浮标
自持式
漂流浮标
滑翔机
海床基
水中

海洋水文气象观测

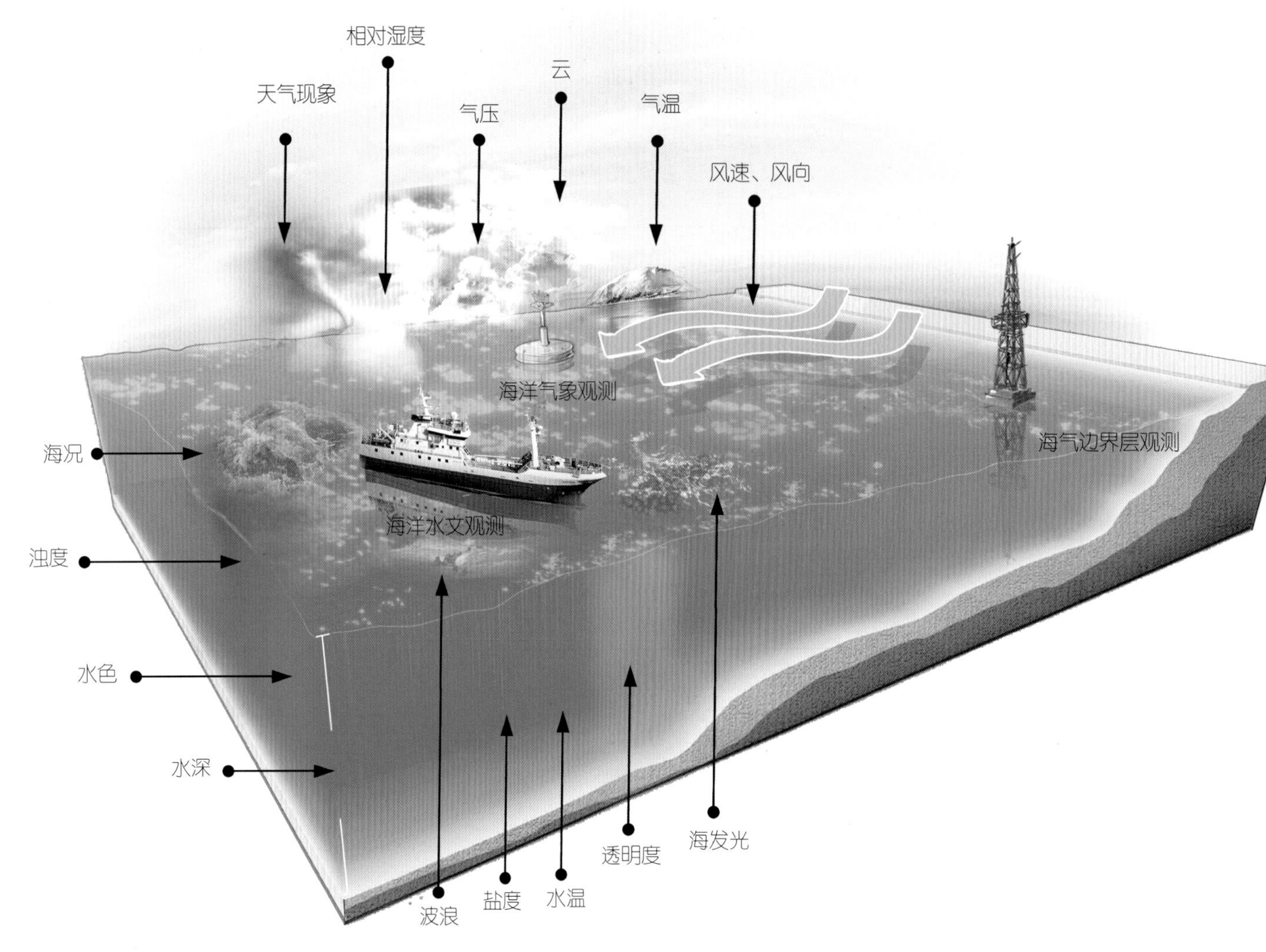

物理海洋学是海洋科学的基础。

海洋化学、生物和地质等诸过程都是在运动的海水环境下不断产生和演化的。狭义的物理海洋学包括海浪、潮汐与风暴潮、海流及温度、盐度、密度、海冰和水团等水文要素的分布特征；广义上海区的气候特征与大尺度海-气相互作用也是物理海洋学的重要组成部分。

物理海洋学观测，主要包括海洋水文观测与海洋气象观测，以及海气边界层观测。

海洋水文观测包括：水深、水位、波浪、海流、水温、盐度、密度、海况、水色、透明度、海发光、浊度等。

直读式CTD施放

温盐深观测（CTD）

CTD（conductivity-temperature-depth system）称为温盐深测量系统，用于测量水体的电导率、温度、深度三个基本的水体物理参数。盐度通过电导率换算，密度、声速等则根据水体温度、盐度、深度三个物理参数计算。

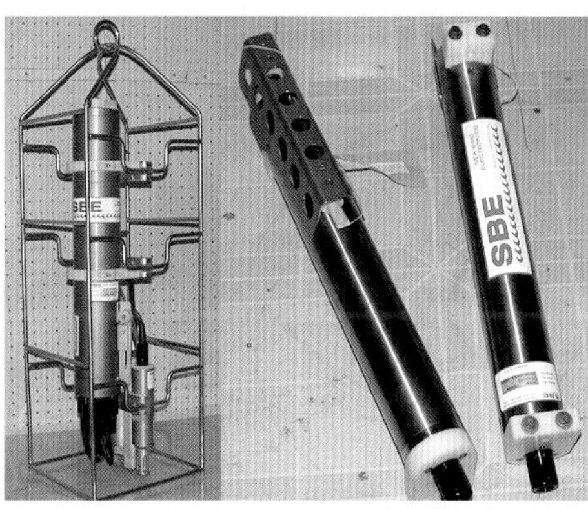

CTD采水样与室内操作

海流观测（ADCP）

ADCP（acoustic doppler current profiler）称为“声学多普勒流速剖面仪”，是一种用于测量水流速的声学流速计。其原理类似于声呐：ADCP向水中发射声波，水中的散射体使声波产生散射；ADCP接收散射体返回的回波信号，通过分析其多普勒效应频移计算出流速。

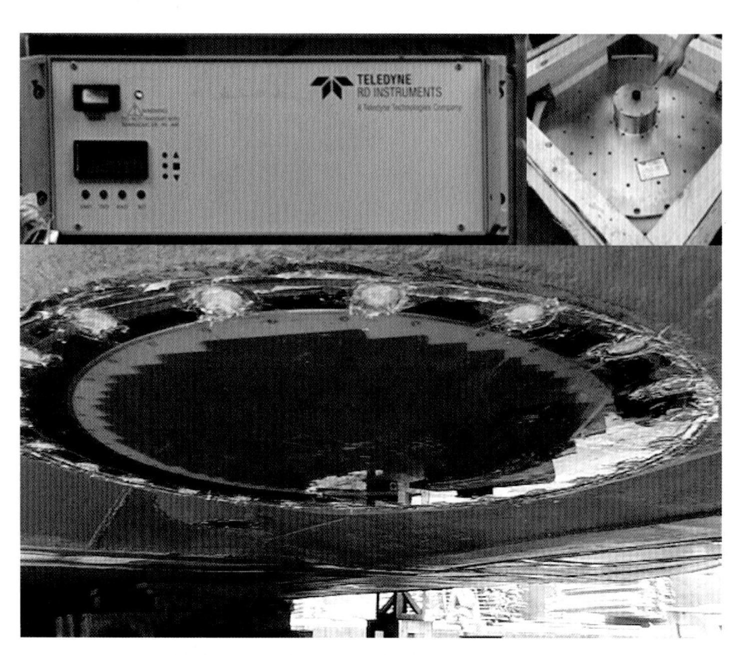

船载式ADCP（左上：甲板终端　右上及下：OS38传感器）

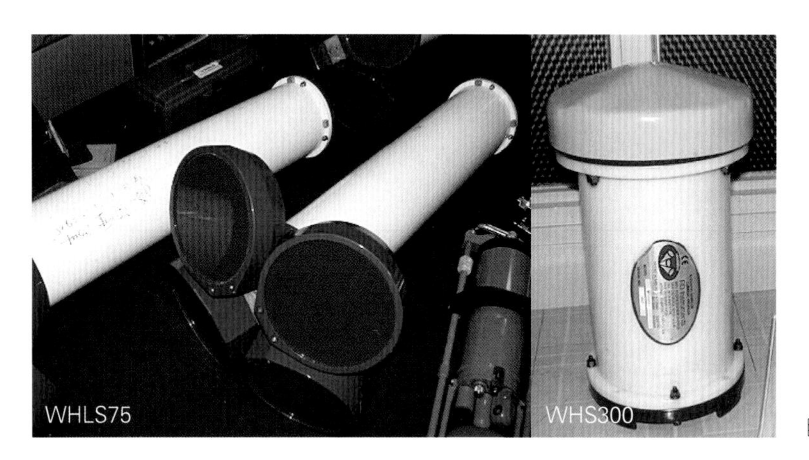

自容式ADCP

单点海流计

锚系站连续观测

锚系站连续观测以潜标式测量系统为主要观测方法。潜标测量系统结构包括：绳索、玻璃浮球、观测仪器、释放器、沉块。

布放时，按照潜标测量系统设计方案把测量仪器连接好，做好仪器编号登记，尤其要记住释放器的释放编码。船靠近观测站位时，先慢车进行站位周围水深测量，然后在站位的上风向（如南风时，船应停在站位的南边）停船开始布放潜标。当潜标锚锭沉块下水时，记录布放位置及水深。

回收潜标时，船到达潜标站位后，对释放器发出释放指令。正常情况下，十多分钟后，潜标系统的玻璃浮球会浮出水面。潜标系统全部浮出海面后，开始打捞回收潜标系统，下载仪器测量数据。

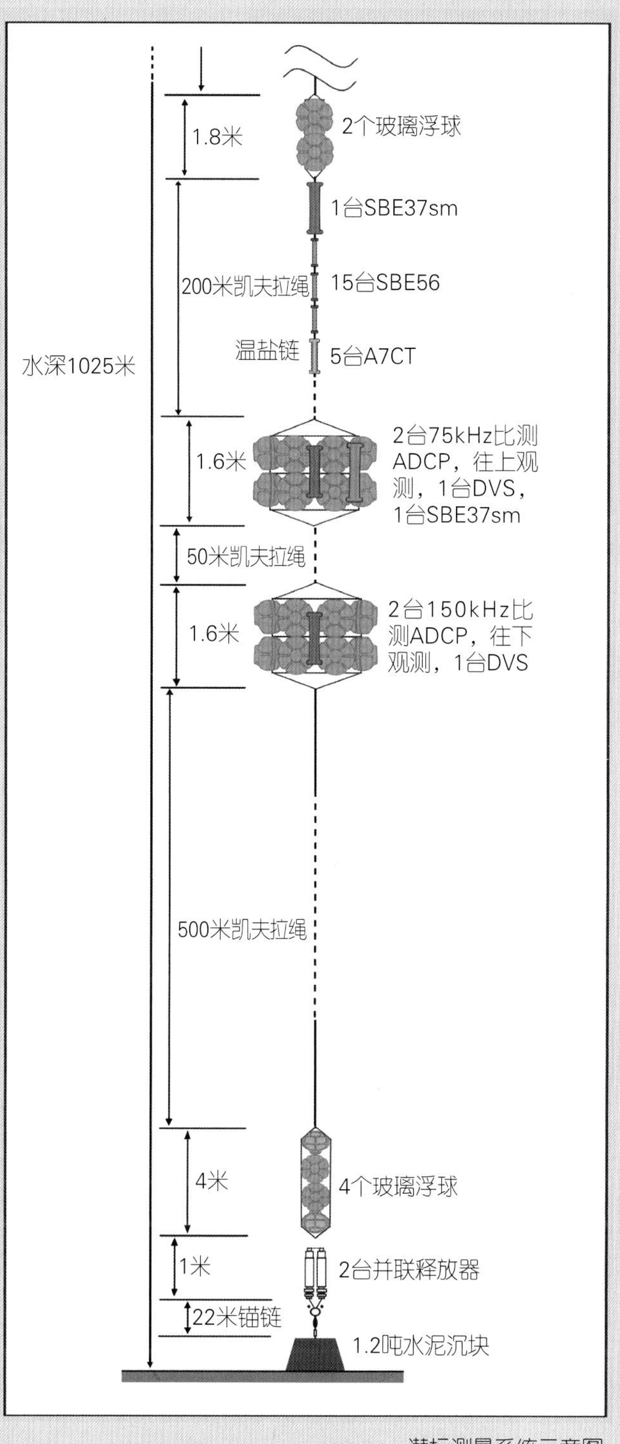

潜标测量系统示意图

回收潜标系统

回收潜标系统用的并联双释放器

波浪观测

在考察船上，辽阔海区主要使用测波雷达或船用测波仪测量波浪。近海岸进行工程波浪长时间观测时，一般使用波浪骑士，如Datawell MKIII仪。使用时，联机设置仪器工作模式后，自动每半小时或1小时进行波浪测量，测量数据储存在仪器内存里，同时也会通过卫星或无线电波段信号传送回岸站接收终端。

波浪骑士Datawell MKIII

波浪骑士观测（左：海上　右：室内接收）

除了上述的观测项目外，海洋水文观测还包括在海岸设站的水位观测，近海岸的水色、浊度观测，辽阔海洋的透明度观测，等等。

海洋气象观测包括：云、能见度、天气现象、风速、风向、气温、气压、相对湿度和降雨量等。

手持风速仪适合在海边陆上观测使用。使用时，手持风速仪高举过头顶，并保持风速仪垂直，迎风方向没有障碍物，按下风速仪测量键开始观测，然后在观测表上记录测量数据。

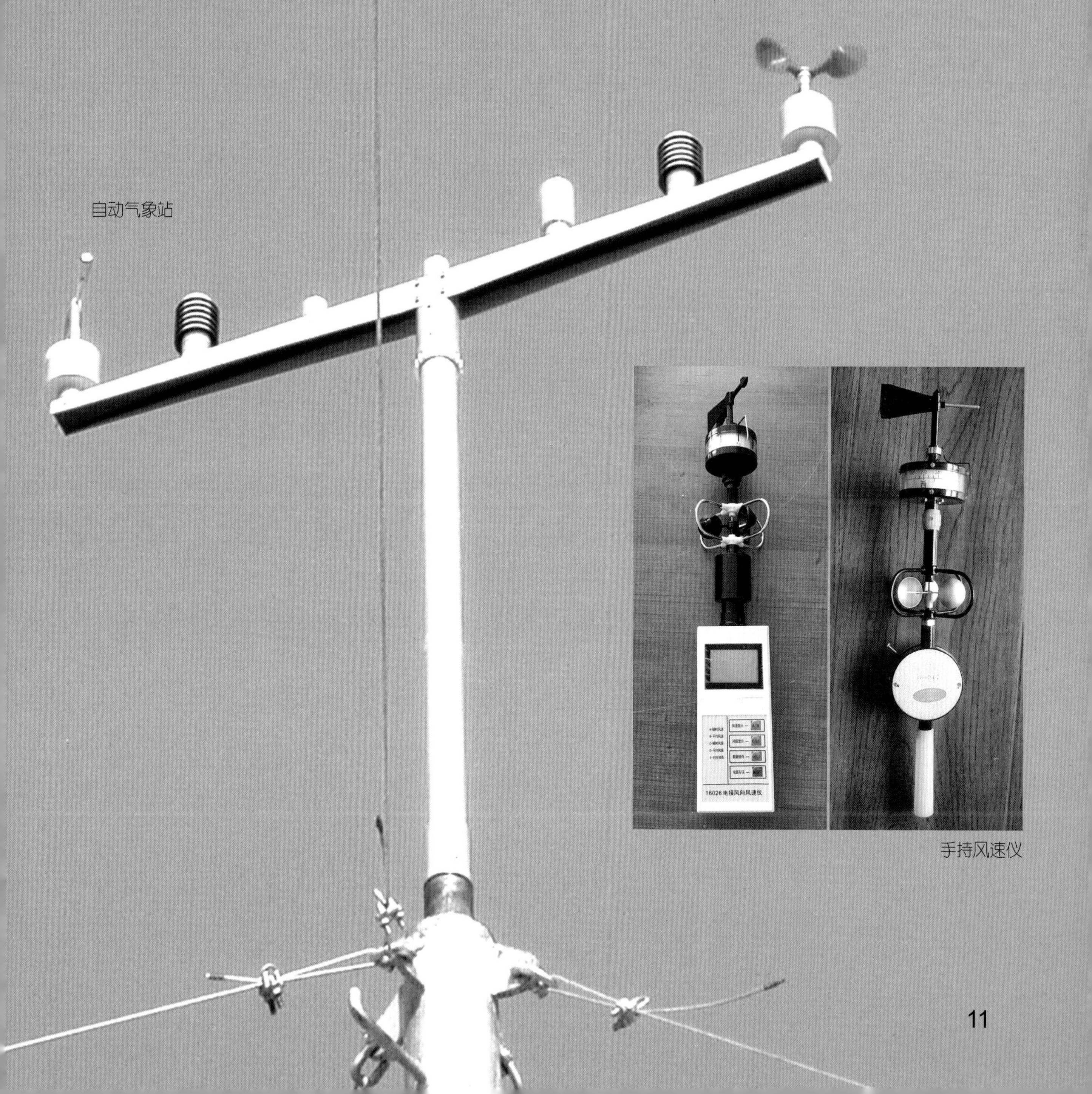

自动气象站

手持风速仪

百叶箱

使用气压表、干湿温度表时，将其安置在百叶箱内，采取定时观测方式，每天观测时次为北京时间02：00、08：00、14：00、20：00共四次，观测结果记录在观测表里。

降雨量观测可使用雨量桶，自动进行下雨量曲线记录。观测大雨过程或24小时降雨量，可用量杯测量雨水收集器的雨水，在记录表记录一天或单个降雨过程的降雨量。

雨量桶

海气边界层观测

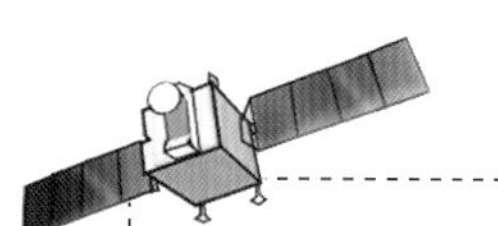

海气边界层观测包括：海气界面的动量、热量、水汽通量；海上大气边界层风、温、湿廓线，辐射观测，海表皮温度观测。

GPS探空（上：放气球　下：室内接收）

GPS（全球定位系统）探空是风、温、湿廓线的观测方法之一，采取定时观测方式，每天观测时次为北京时间02：00、08：00、14：00、20：00共四次，测量数据通过无线电波发送至室内接收终端，由连接的电脑记录测量数据。（陈荣裕）

海洋小知识

朗缪尔环流

海洋表面经常可以观察到由朗缪尔环流所产生的条带状结构。当海表面风速高于2～3米/秒时，一般就会产生朗缪尔环流。该环流是海洋上层由波浪和涡流相互作用所诱导的一个垂向环流。它通过水平方向的辐聚和辐散诱导海表的气泡、固体漂浮物或污染物形成条带，并与风的方向一致（由于受科氏力影响，条带与风的方向有一个夹角，一般在0～15度之间）。

朗缪尔环流在海洋上层普遍存在，对海洋上混合层的维持和变化起着非常重要的作用。

扫一扫看视频

微小的分层界面流体运动

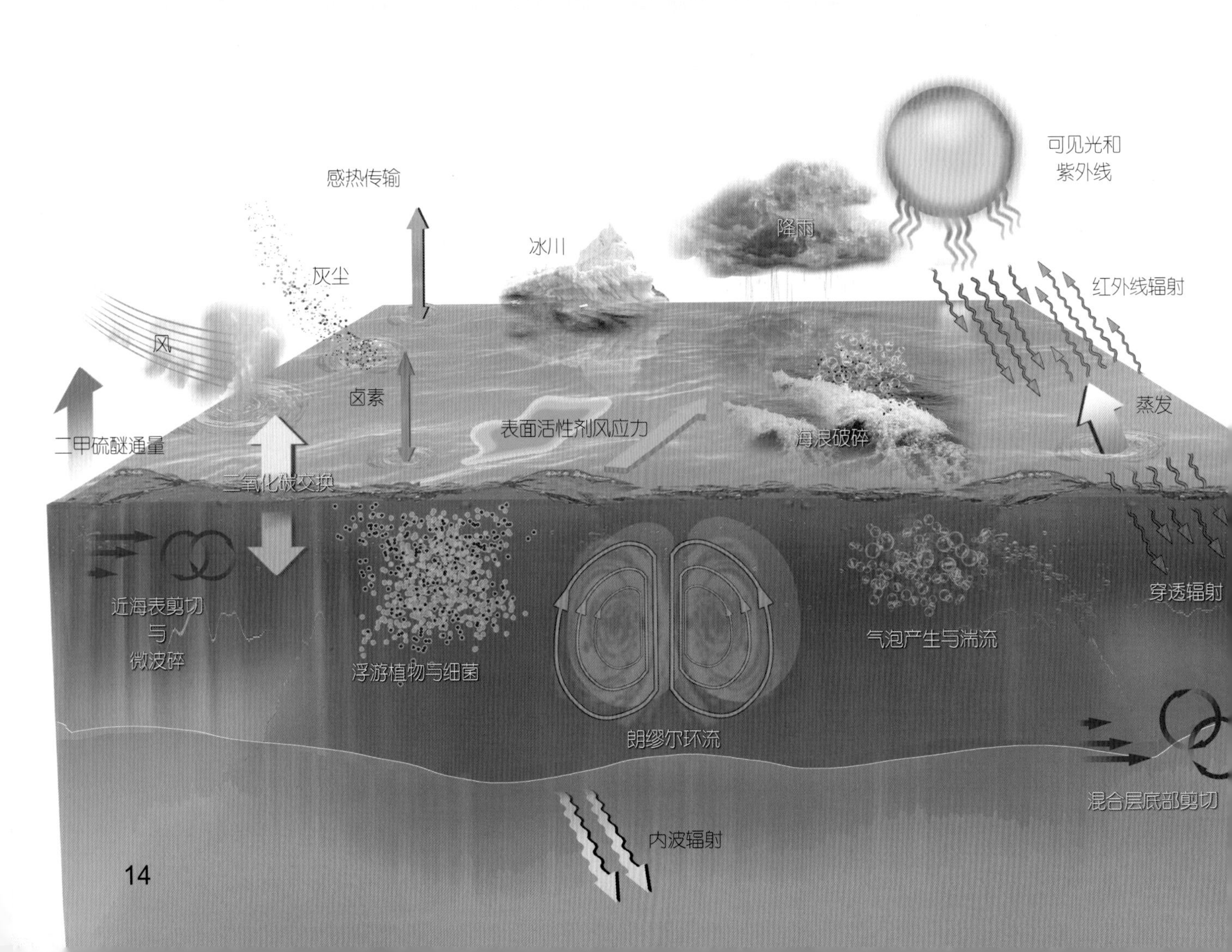

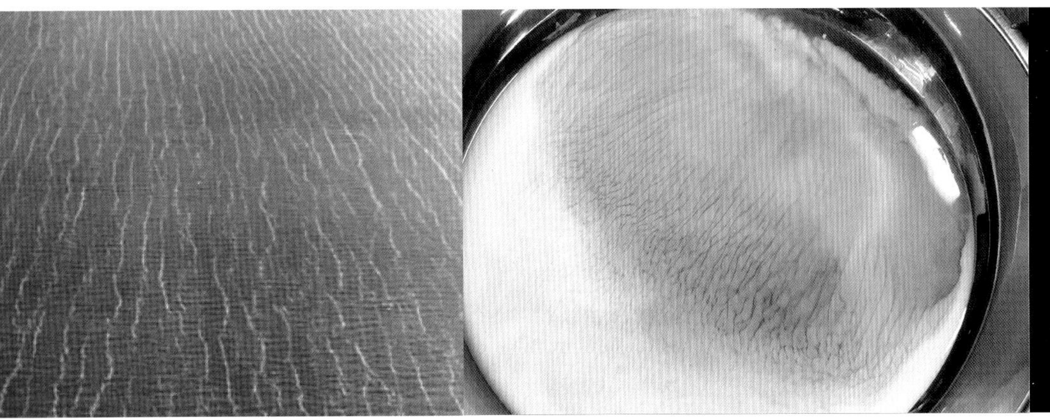

利用牛奶和咖啡酒之间的表面张力差异，可以在液体表面产生由表面张力驱动的流动——就好像风吹过海表面一样，从而产生“朗缪尔环流”。

海面上由朗缪尔环流所产生的条带状结构

小实验：由牛奶和咖啡酒产生的“朗缪尔环流”

暖咸水在冷淡水之上所产生的盐指

海洋双扩散现象

在海洋中，温度和盐度基本决定了海水的密度。由于温度的扩散比盐度的扩散快100倍左右，很多初始密度稳定分层的水体会出现令人意想不到的有趣的流动现象。

由咖啡伴侣溶液产生的双扩散盐指

由糖水和墨水产生的双扩散盐指（图片提供：张倩）

当暖而咸的海水位于冷而淡的海水之上时，容易产生细长的手指状流动，称为“盐指”。实验室或者日常生活中，也可以利用两种具有不同扩散效率的物质来产生盐指——糖水和墨水，水和咖啡伴侣溶液（其中含有多种不同扩散效率的成分）等。

当冷而淡的海水位于暖而咸的海水之上时，则容易形成分层的扩散对流。生活中，制作拿铁咖啡（浓咖啡倒进热牛奶中）时也可以观察到这种由双扩散效应所产生的分层扩散对流。（蔡树群、陈植武）

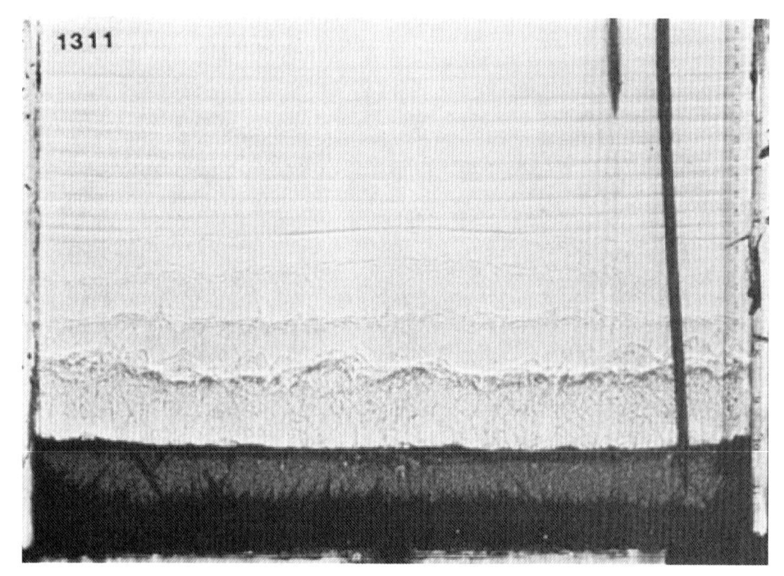

底部加热具有稳定盐度梯度的盐水所形成的分层扩散对流

由拿铁咖啡（浓咖啡倒进热牛奶中）形成的分层双扩散对流（图片提供： Mirjam Glessmer）

海洋光学观测

目前认为，太阳辐射是海洋生物赖以生长的最终能源，也是海洋动力过程的主要驱动力之一。海洋光学观测就是要观测海洋的光学性质及其变化，并在此基础上研究光与海洋中各种物质的相互作用，探索光在海洋中的传播规律，并应用光学技术探测、探索海洋各种相关要素的分布。

世界上最早于19世纪30年代开始使用透明度圆盘定量研究光在海水中的传输特性。目前，海洋光学观测已得到很大发展，其研究主要包括空中海洋光学遥感观测、海洋水体内部光学观测和对采集的海水样品的室内光学观测。

空中海洋光学遥感观测包括主动观测和被动观测。前者如海洋激光遥感观测，后者如海洋水色遥感观测，两者都可以用于海水浮游植物、各种海洋水下目标等的探测。通过这些探测，可研究海洋中各种物质与海洋动力过程的关系，识别海洋水下目标的分布情况。

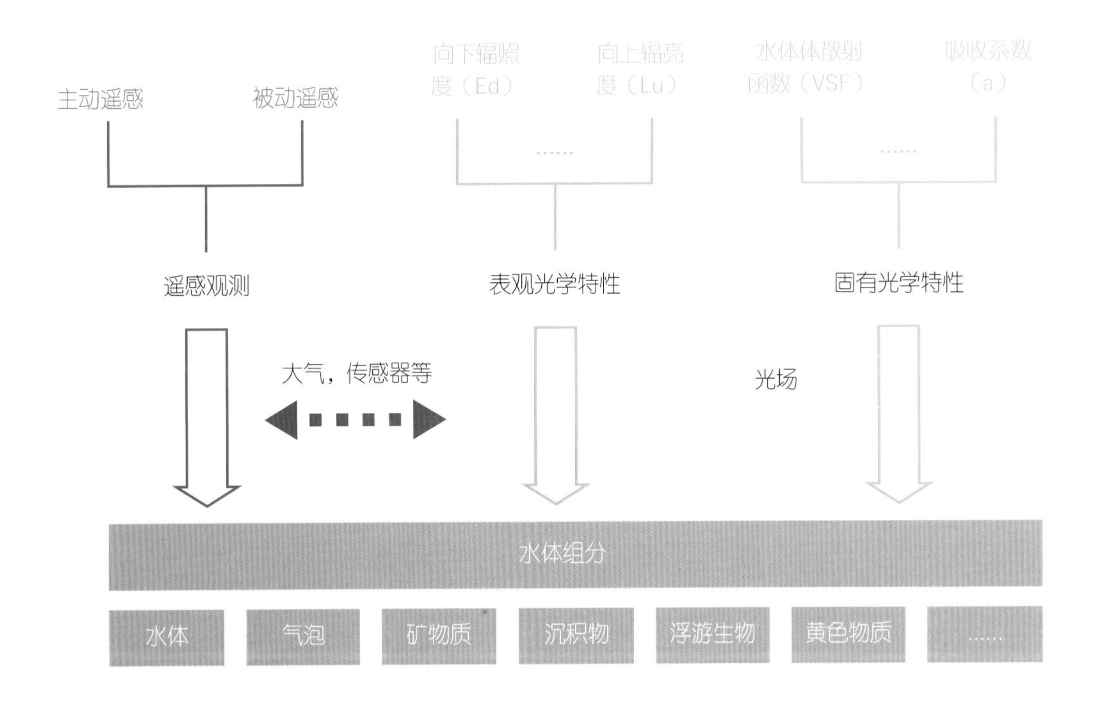

空中海洋光学观测的基础是对海洋内部各种物质结构的光学性质的探测与研究，这是要对海水内部进行海洋光学观测的原因之一。水体内部海洋光学观测主要包括海水表观光学特性观测、海水固有光学特性观测、各种摄影摄像观测及各种激光探测等。其中海水固有光学特性观测包括海水及各种物质的吸收特性、海水的散射特性等，海水表观光学特性观测包括向下辐照度、向上辐亮度、漫射衰减系数等。

同样的，实验室内也可对采集的海水样品进行光学观测，测定其光学性质，如海水的叶绿素浓度、颗粒物粒径分布、海水及其所含物质的吸收系数和散射系数等。

总之，海洋内部的光学观测是海洋光学观测的基础。通过海洋内部的观测研究，初步形成了目前海洋光学的基本理论，并为空中海洋光学遥感技术的发展提供了技术依据，使得海洋光学遥感成为研究海洋现象、探索海洋环境变化的重要技术。（曹文熙、李彩）

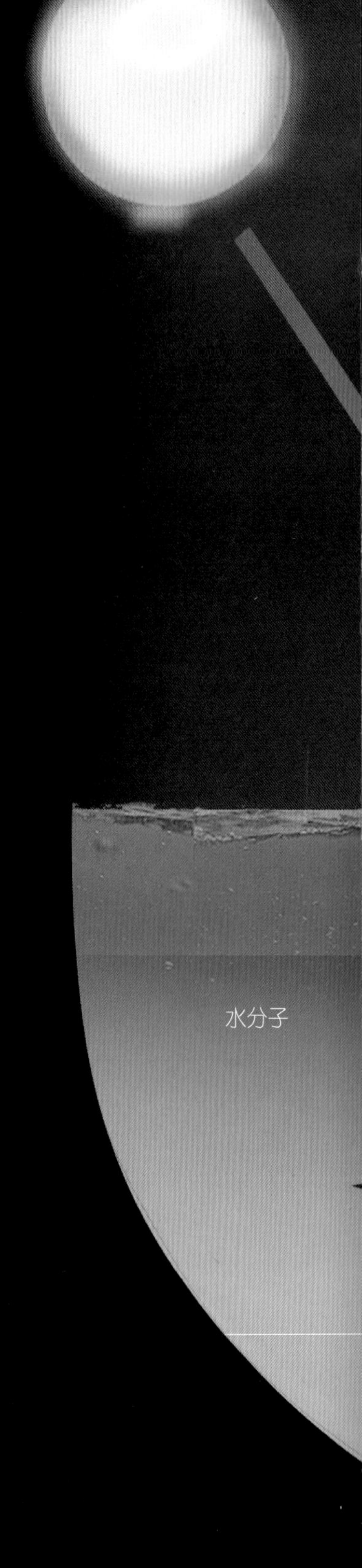

海洋小知识

海水的颜色

我们看到的海水的颜色往往是五颜六色的，从深蓝到碧绿，从微黄到棕红，甚至还有白色的、黑色的，但这些并不是海水本身的颜色。当我们从浩瀚的大海里打出一桶海水时就会发现，海水是清澈、透明、无色的。

海水呈现出的颜色主要是由海水的光学性质决定的，是海水及其中的浮游生物、悬浮颗粒物、气泡、有机质等对不同波长光的吸收、反射、散射造成的。不同组分对射入海水的太阳光在不同波长下的特征性吸收、散射及反射，对我们所看到的海水颜色起到了决定性的作用。（李彩）

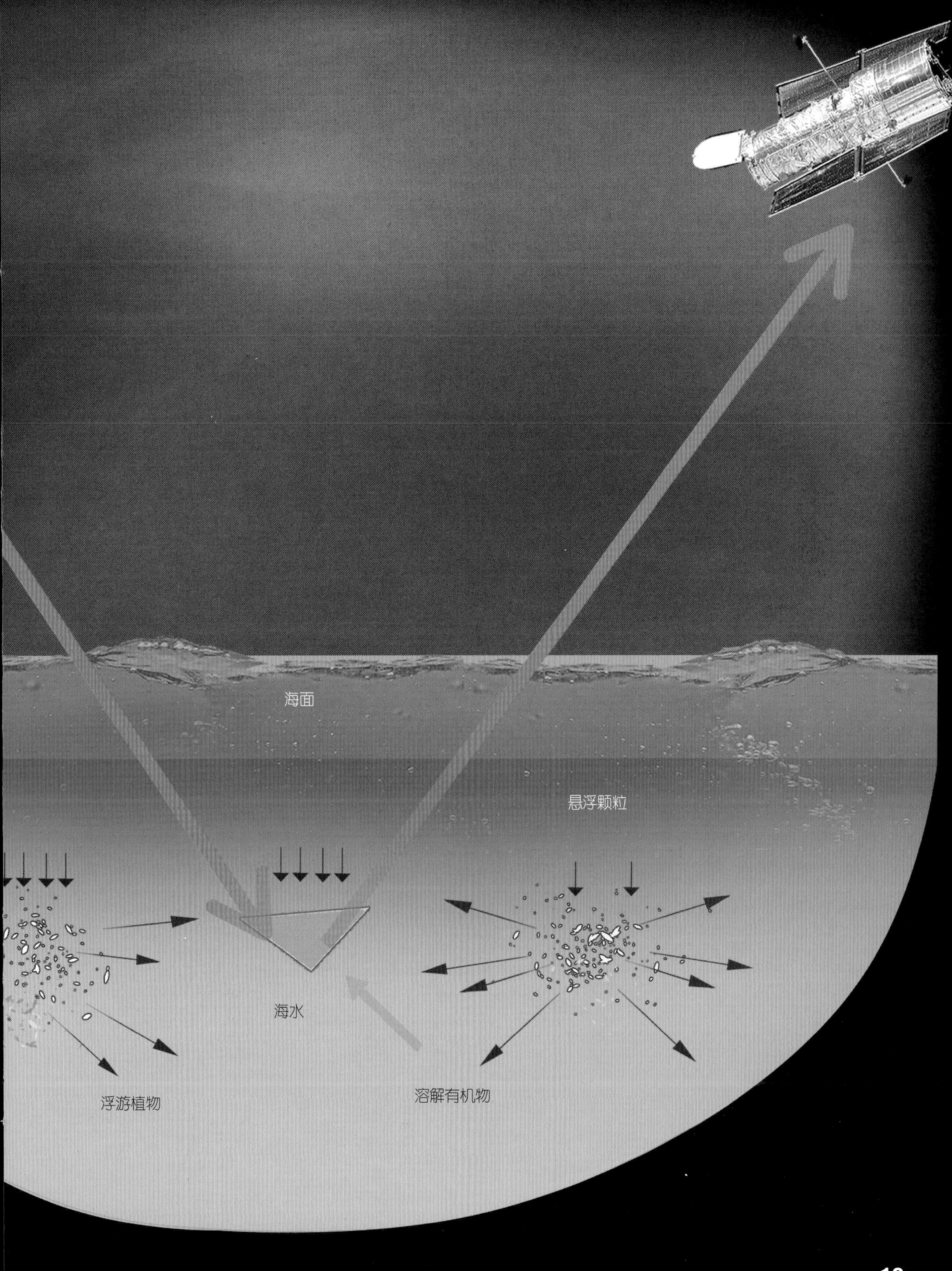
海面
悬浮颗粒
海水
浮游植物
溶解有机物

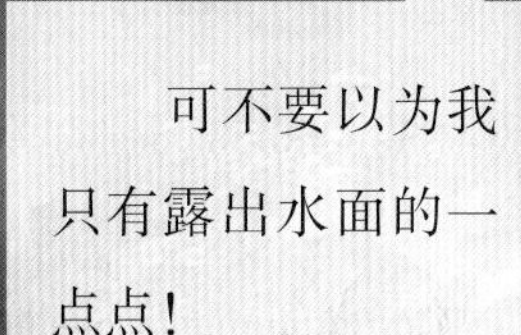

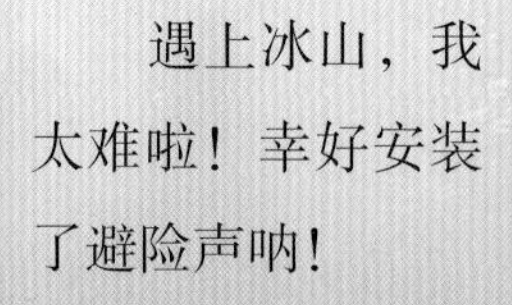

海洋声学观测

海洋声学是研究声波在海洋中的传播规律，并利用声波探测海洋的科学。

日常生活中，人们的语言交流是借由声波在空气中传播来实现的。声波不仅能在空气中传播，也能在液体或固体介质中传播。

声波在水体中的传播速度约为1500米/秒，比在空气中的传播速度（约为340米/秒）快得多。尤为重要的是，科学家们发现，声波是目前已知的唯一能在海洋中远距离传播的能量形式。例如，1千克炸药包在水下爆炸后产生的声波，传播1万多千米还可能被接收到，而我们熟悉的光波即使在清澈的海水中也只能穿透几十米，在空中广泛使用的电磁波也由于在海水中衰减太快而无法传播。

因此，探寻海洋世界，进行水下目标探测、导航、定位、遥感遥测等，声波都可以大显身手。

声呐是利用水中声波的最常用设备。发生于1912年的“泰坦尼克”号豪华巨轮在处女航中和冰山相撞沉没事件，促使了历史上第一台回声探测仪在1914年诞生——它能探测到大约3千米以外的冰山。两次世界大战中，搜寻水下潜艇的需求极大地促进了声呐技术的发展，法国物理学家保罗·郎之万等人于1916年研制出世界上第一台声呐，其发明的基于石英压电效应的换能器形式至今仍被广泛采用。

自然界中的海豚、蝙蝠有着精巧灵敏的声呐器官。相比之下，人类制造的声呐设备似乎显得笨重许多。声呐一般由水下湿端和水上干端设备组成，有主动式和被动式之分。主动式声呐的湿端包括发射换能器和接收换能器装置：发射换能器把电能转变成声能，完成水下发射声波；接收换能器把声能转变成电能，完成水下接收声波。被动式声呐的湿端只有接收换能器（也称水听器），一般由成百上千个水听器组成接收阵。声呐的干端包括发射信号控制和接收信号综合处理的设备，其接收声波的频率范围、辨识微弱信号能力、判断声源方位能力都比人的两只耳朵要强出许多。随着计算机技术、数字信号处理技术的快速进步，特别是人工智能技术日新月异的发展，声呐技术具有广阔的发展前景。

现代声呐形式多样，在海洋声学观测中应用广泛。回声测深仪早已取代了费时费力的绳索和重锤，用于快速准确地测量海水深度；鱼探仪用于鱼群探测、助力渔业生产；侧扫声呐和多波束测深声呐广泛用于勘测海底地形地貌；多普勒海流计用于测量海流的流速和流向；海洋声学层析技术可用于中尺度涡等海洋动力过程的观测；水声通信机已成为各类水下航行器与母船联系的最主要手段。声呐系统是海底观测网的重要组成部分，可实现对水下区域声信息的全天候、实时、连续、立体观测。可以说，声学观测手段是探寻水下世界的“千里眼”和“顺风耳”。（刘宏伟）

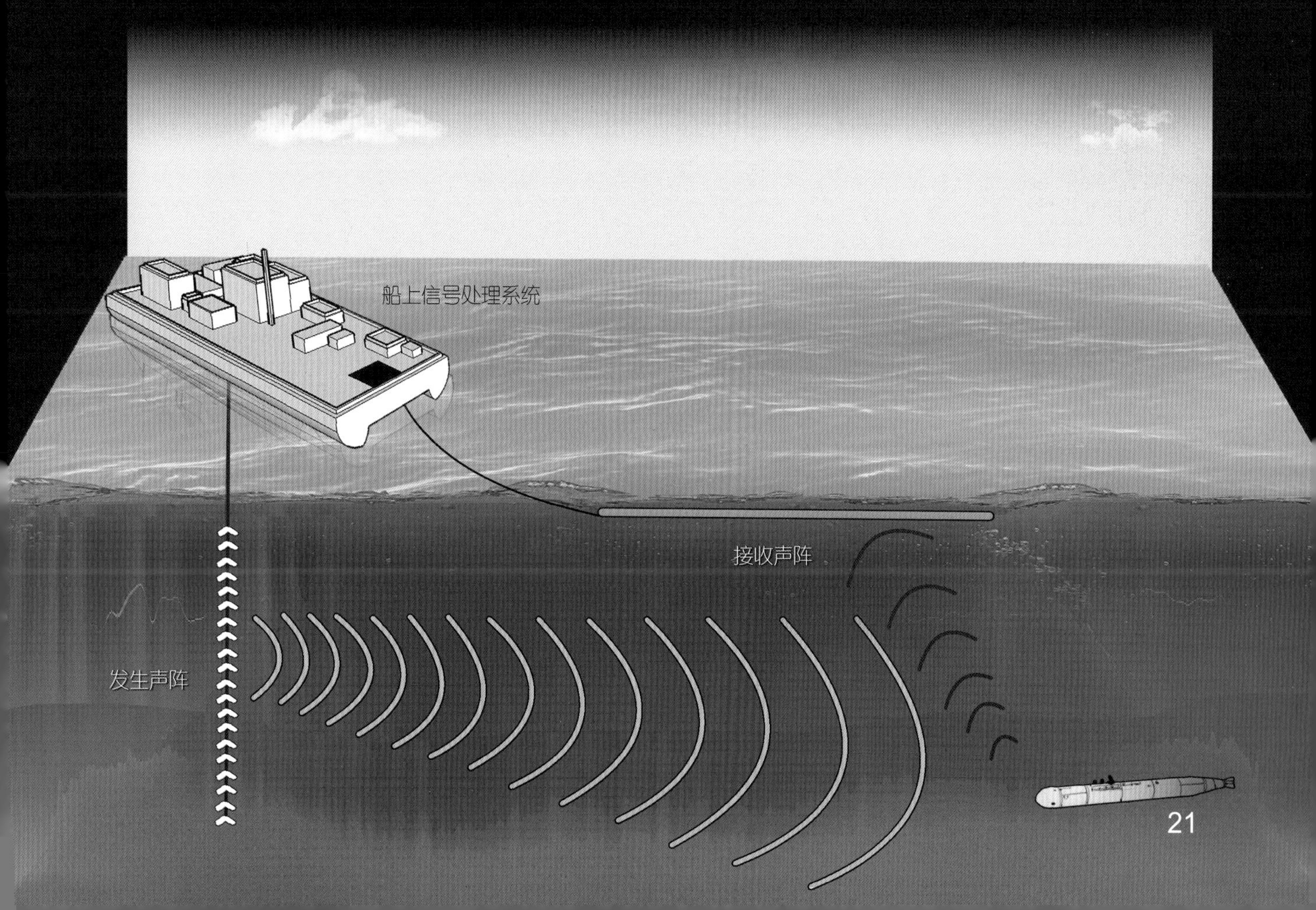

海洋化学观测

海洋为人类提供了大量生物资源，同时具有巨大的吸收大气中二氧化碳的能力。但是，人类在开发利用海洋资源的同时也造成海洋生态环境恶化。这些都与海洋中一系列化学过程及生物活动有关。

海洋化学是研究海洋各部分的化学组成、

溶解气体

海水中溶有大气中的各种气体，其中氧、氮和二氧化碳的含量很高。浮游植物的光合作用消耗二氧化碳并产生氧气，动物的生存需要氧气，细菌及其他异养微生物代谢有机物时也需要氧气。

二氧化碳体系

海洋与大气中二氧化碳等气体的交换，通过海面进行。海洋吸收二氧化碳的能力将直接影响全球气候。海洋中无机碳化合物以碳酸及其衍生物的形式存在，其中包括二氧化碳（CO_2）、碳酸（H_2CO_3）、碳酸氢根（HCO_3^-）和碳酸根离子（CO_3^{2-}），它们彼此相互作用，构成海水中的二氧化碳体系。二氧化碳体系调节海水的pH值和碳的流动。工业革命以来，人类活动导致大气中二氧化碳浓度逐渐增加，人类释放的二氧化碳部分已被海洋吸收，导致了海洋的酸化，对珊瑚、有孔虫和球石藻等海洋生物造成重大的影响。

有机物

广义上，海水中的有机物包括大至鲸鱼小至甲烷等有机化合物；狭义上，海洋有机物主要来自海洋生物的代谢物、分解物、残骸和碎屑等，还有一部分来源于陆地生物活动中生成的有机物，通过大气或河流带入海洋。海洋中有机物组分复杂，按类别可分为氨基酸和蛋白质、碳水化合物、类脂、色素、腐殖质等几类。对于海洋有机物而言，最大的挑战在于如何鉴别、定量出每一种有机组分。迄今为止，溶解于海水和保存在沉积物中的大部分有机物仍未被鉴定。

物质分布、化学性质和化学过程的科学。海水中的溶解气体、二氧化碳体系、有机物、同位素、痕量金属、生源要素等都是化学物质。

同位素

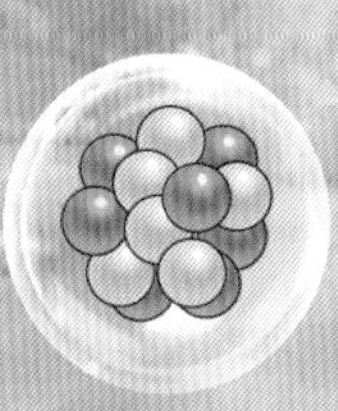

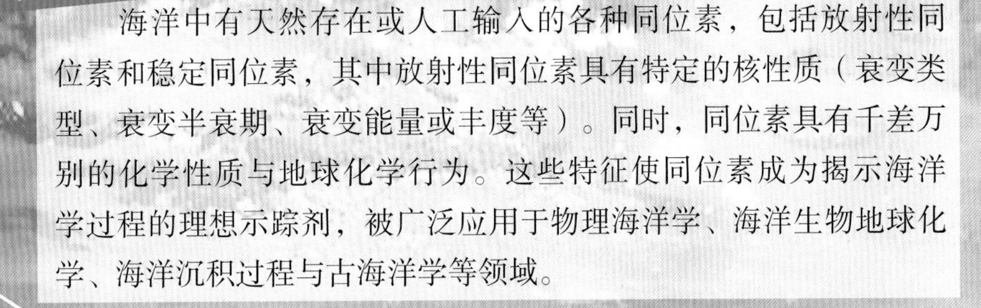

海洋中有天然存在或人工输入的各种同位素，包括放射性同位素和稳定同位素，其中放射性同位素具有特定的核性质（衰变类型、衰变半衰期、衰变能量或丰度等）。同时，同位素具有千差万别的化学性质与地球化学行为。这些特征使同位素成为揭示海洋学过程的理想示踪剂，被广泛应用于物理海洋学、海洋生物地球化学、海洋沉积过程与古海洋学等领域。

痕量金属

痕量金属

海水中浓度小于50微摩尔/千克和浓度小于0.05微摩尔/千克的元素分别称为微量元素和痕量元素，其中的痕量元素绝大部分是金属元素。尽管铁、铝等金属元素在地壳中的含量较高，在海水中的浓度非常低，但它们却是海洋生态系统的重要组分之一，某些痕量元素对于海洋生物的生长起着促进作用，而某些金属则对海洋生物有毒性作用。比如：铜可能影响到海水中一氧化二氮还原酶的活动，从而影响到海洋一氧化二氮向大气的释放；铁的供给不足会影响浮游植物对营养盐的吸收和反硝化菌的反硝化作用。

生源要素

生源要素

氮、磷、硅是海洋生物生长所必需的元素，通常被称为主要营养盐或生源要素，是海洋初级生产力和食物链的物质基础。营养盐的存在形态与分布会受到生物活动的调节，同时受到环境因素的影响。它们在海洋中的含量与分布不均匀且不恒定，往往存在明显的季节与区域变化，是海洋化学的基础参数。

（徐杰）

海洋小知识

海水营养盐

海水营养盐一般是指溶解于海水中作为控制海洋植物生长因子的元素，主要是一些含量较微的磷酸盐、硝酸盐、亚硝酸盐、铵盐和硅酸盐等。

营养盐是海洋生物生长繁殖所必需的成分，是海洋初级生产力和食物链的物质基础，也是反映海洋生态环境健康状况的重要指标。它影响着生态系统中物质和能量传输途径、传递效率及与全球变化密切相关的“碳”的循环途径，在整个海水体系的生物地球化学过程中起着举足轻重的作用。

适量的营养盐丰度及营养盐比例能够促进海洋生态环境健康发展，但当营养盐丰度和比例遭到破坏或者比例失衡时，将会对海洋生态环境健康及可持续发展造成破坏，如：氮磷等营养盐比例失衡可能直接或间接导致珊瑚的白化、死亡，进而威胁整个海洋生态系统的生物多样性；富营养化会导致近岸赤潮暴发，进而对沿岸水产养殖、海洋牧场造成严重的威胁与破坏。（李彩）

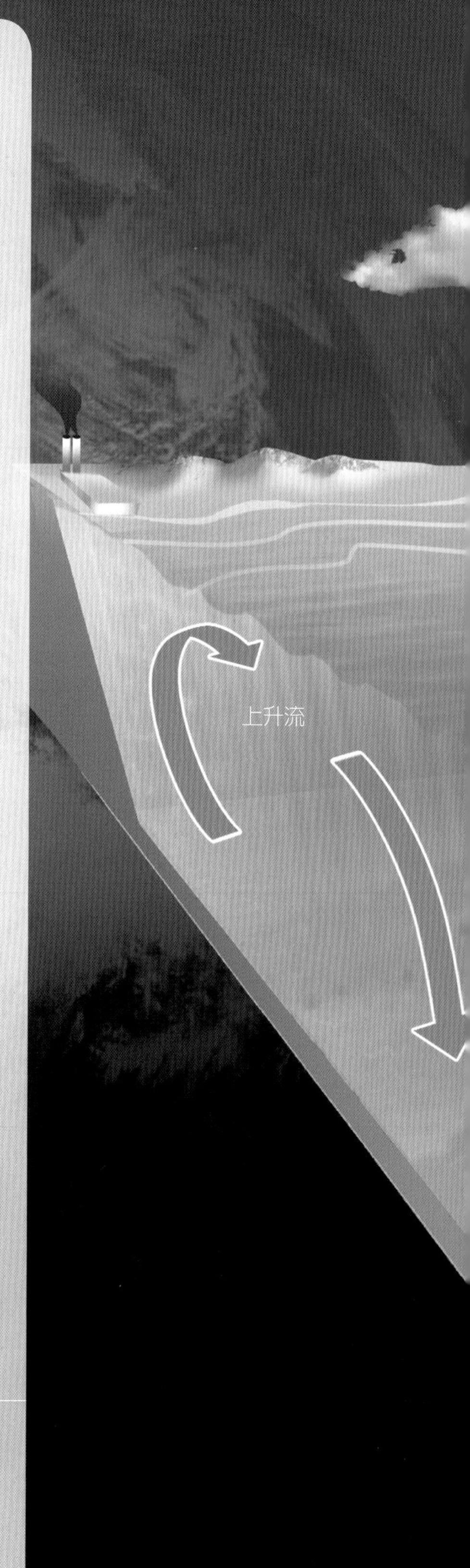

叶板蔷薇珊瑚

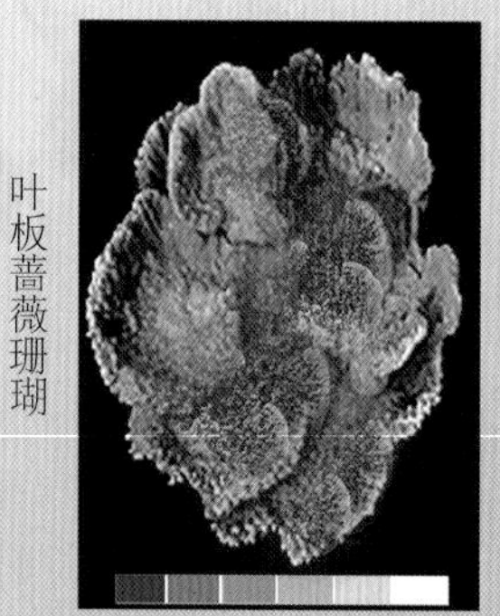
高氮/低磷

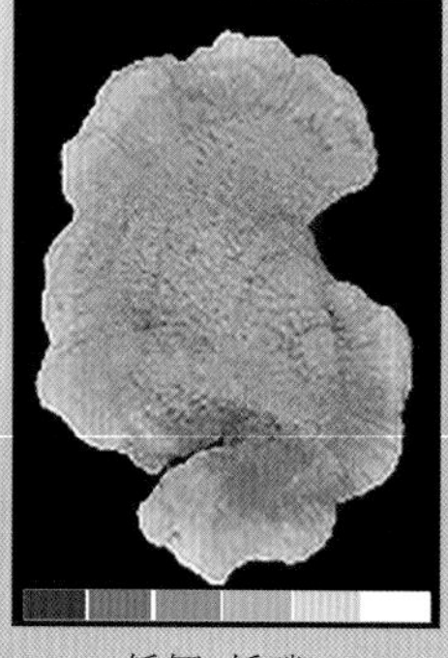
低氮/低磷

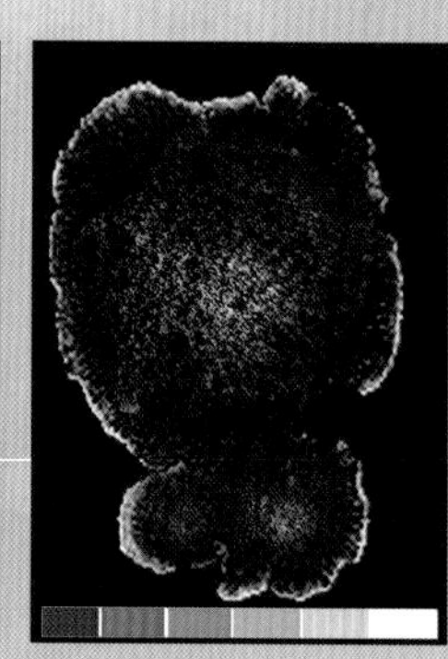
高氮/高磷

营养比例失衡对珊瑚生态系统的破坏

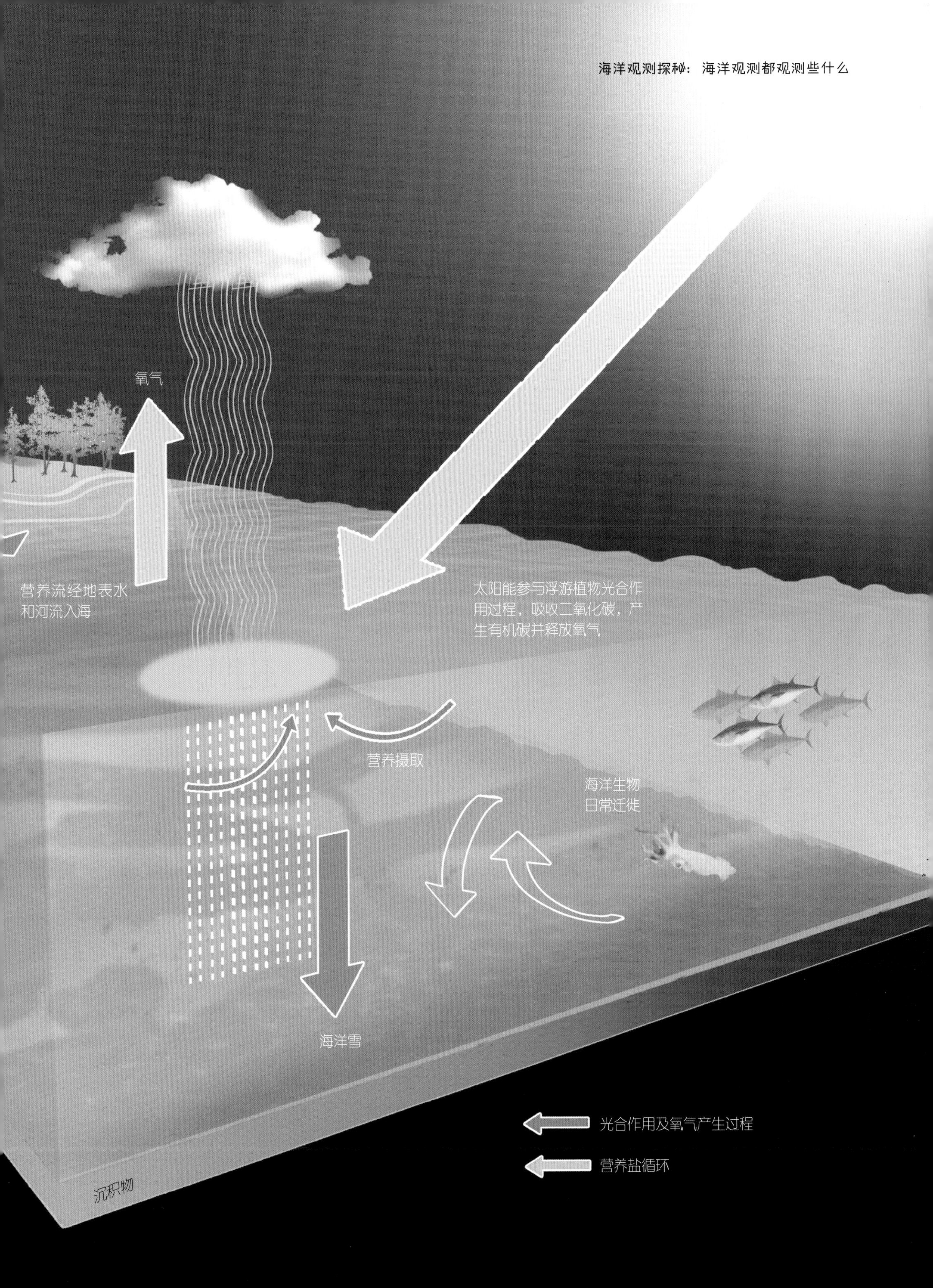
氧气
营养流经地表水
和河流入海
太阳能参与浮游植物光合作
用过程，吸收二氧化碳，产
生有机碳并释放氧气
营养摄取
海洋生物
日常迁徙
海洋雪
光合作用及氧气产生过程
营养盐循环
沉积物

海洋生物观测

海洋生物，是指海洋里有生命的物种，包括海洋植物、海洋动物、海洋微生物等。

海洋植物

海洋植物是海洋中吸收无机碳，通过光合作用以生产有机化合物的自养型生物。海洋植物属于初级生产者，为海洋动物和微生物提供食物，在海洋吸收大气中二氧化碳的过程中起着重要作用。海洋植物门类甚多，从低等的无真细胞核藻类（即原核细胞的蓝藻门和原绿藻门）到具有真细胞核（即真核细胞）的红藻门、褐藻门和绿藻门及至高等的种子植物，共13个门，1万多种。

海洋动物

海洋动物门类繁多，各门类的形态结构和生理特点可以有很大差异。微小的有单细胞原生动物，庞大的有长超过30米、重超过190吨的鲸类。海洋动物包括无脊椎动物和脊椎动物。如果按生活方式划分，海洋动物主要有海洋浮游动物、海洋游泳动物和海洋底栖动物三个生态类型。

海洋微生物

海洋微生物主要包括真核微生物（真菌、藻类和原虫）、原核微生物（海洋细菌、海洋放线菌和海洋蓝细菌等）和无细胞生物（病毒）。

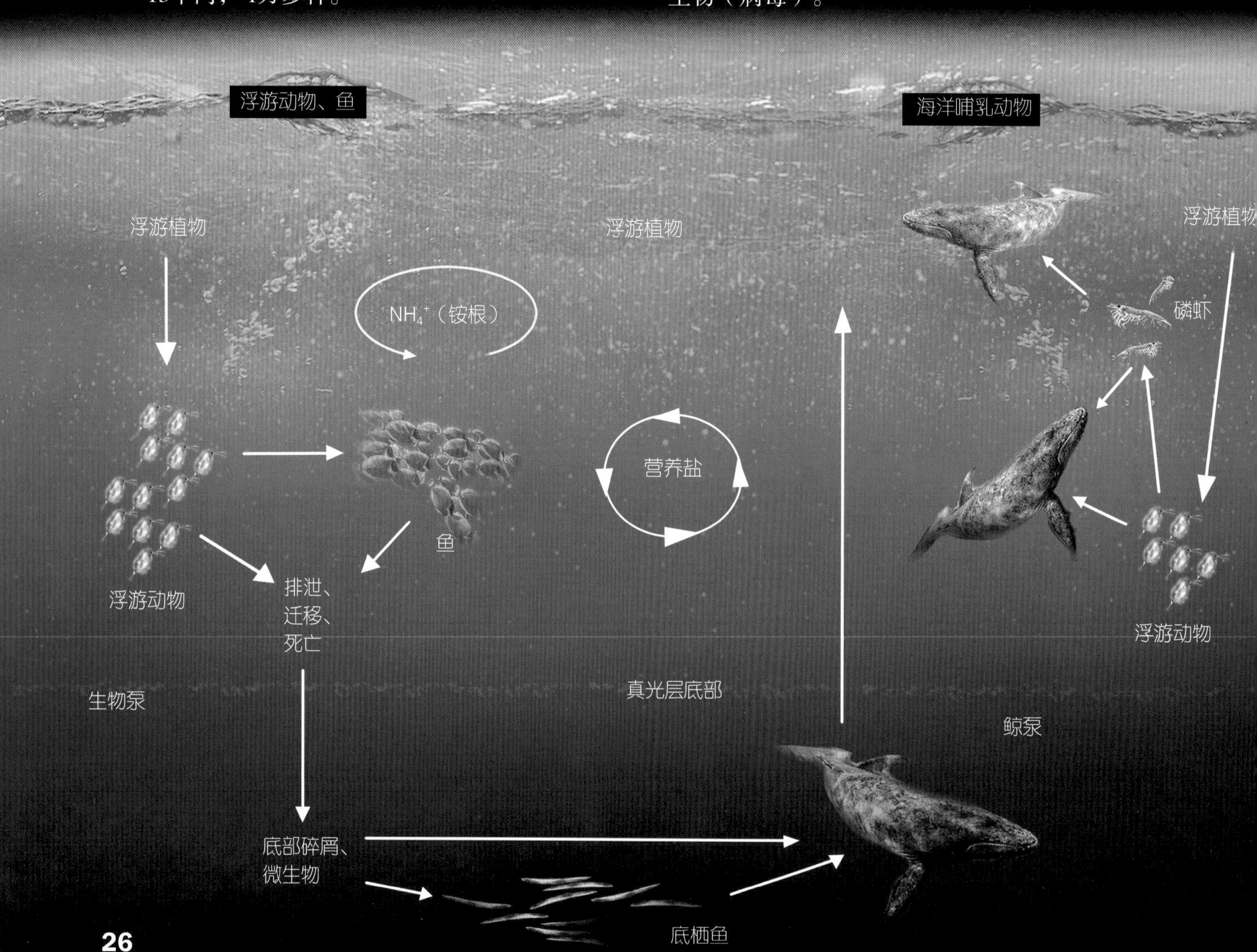

科学考察中的生物拖网作业

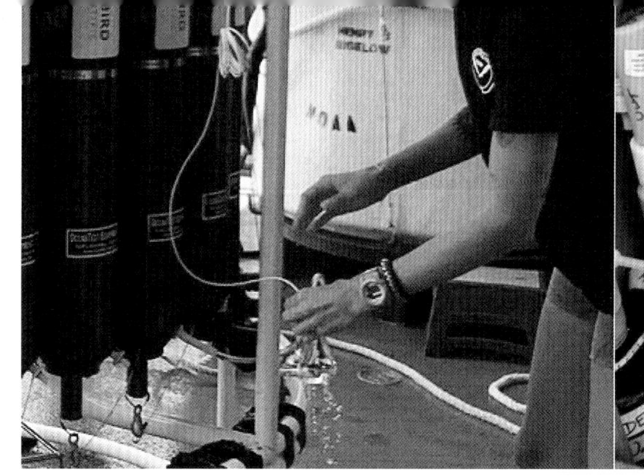

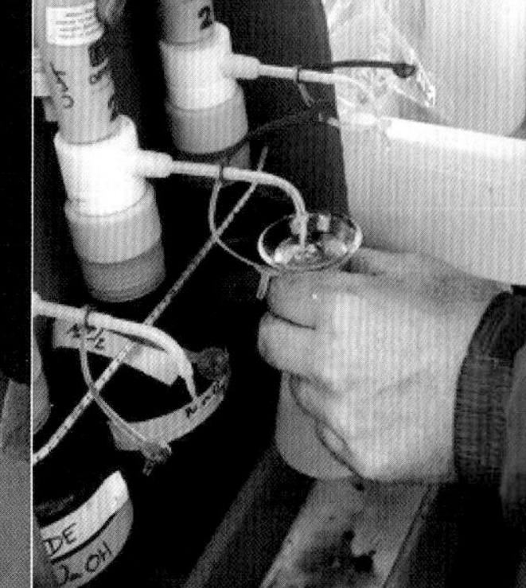

样品采集

海洋生物的个体尺寸相差巨大，最小的病毒只有几十纳米，而一些大型的金枪鱼则可以长达2米。研究小于20微米的海洋生物往往直接采集海水样品，利用显微镜或者流式细胞仪进行计数。研究大于20微米的海洋生物通常采用拖网方式，根据目标生物的大小及生活特点来选择不同结构、不同网目大小、不同网长的网具。浮游生物拖网适合于采集体积较小的浮游动物和浮游植物，大型拖网可以捕获自由游动的鱼类，底栖拖网则适用于底栖生物的采样。至于大型生物，可直接肉眼识别和计数。

原位海洋生物成像系统可通过水下摄像头直接识别海水中的海洋生物，原位观测海洋生物的种类、数量及生活方式等。该技术的应用将极大地提高我们对海洋生物的认知。（徐杰）

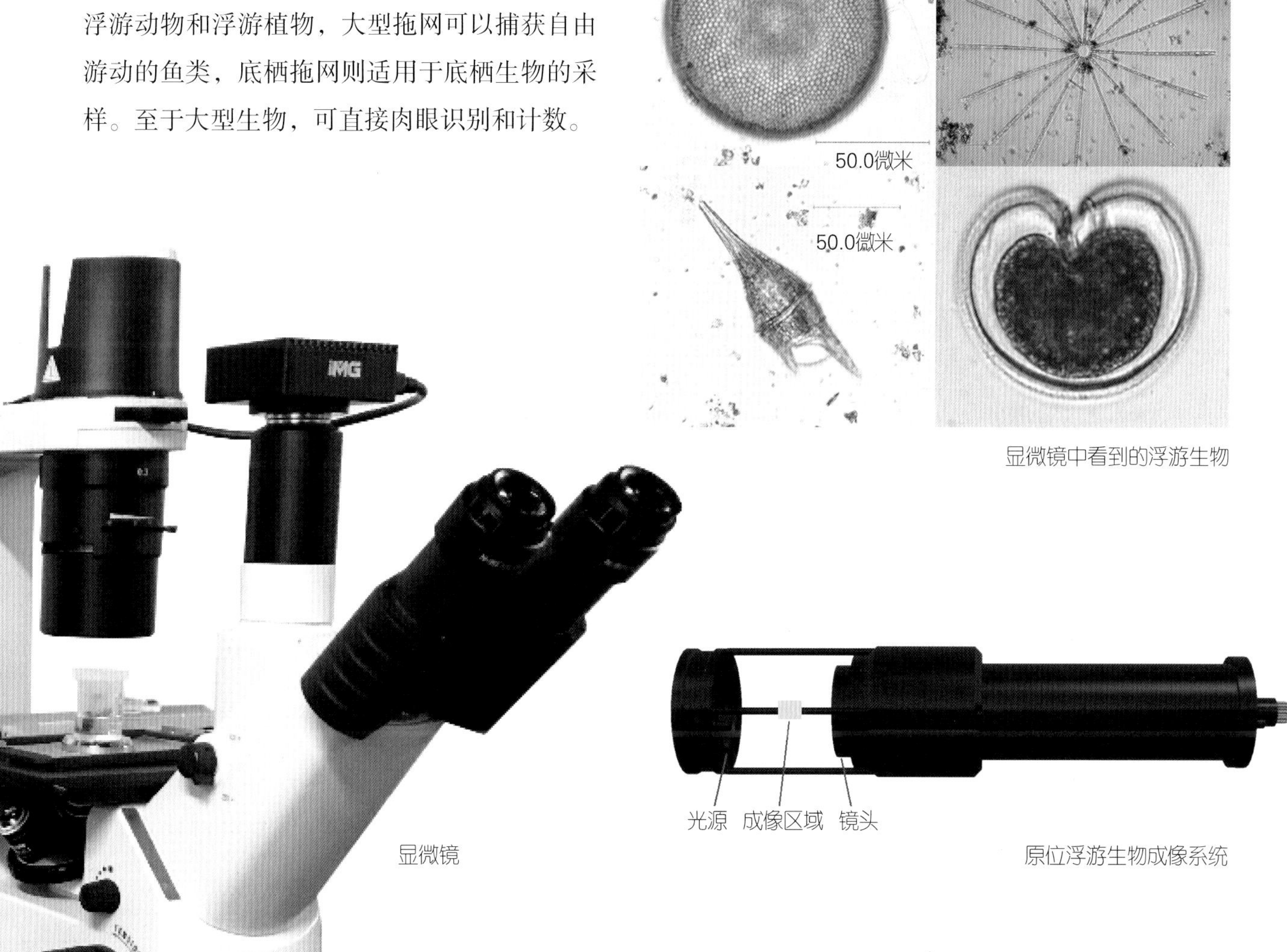

显微镜中看到的浮游生物

显微镜

原位浮游生物成像系统

海洋地质观测

海洋地质观测运用地质、地球物理和地球化学等手段探测海底地形、沉积物、海底岩石、地质构造和海底油气、矿产资源等。

海底地形调查

利用回声、多波速测深仪调查海底地形地貌，编制不同比例尺的海底地形图，为海洋资源开发、海岸及海洋环境工程、海洋各学科调查提供海底基础科学数据。

海洋沉积物调查

通过抓斗、箱式和拖网取样、重力活塞柱状取样和钻探获取沉积物和岩石样品，分析研究沉积物类型和分类、物质组成、沉积速率、沉积模式及沉积物发育历史，对海洋地质和地质环境研究有着重大意义。

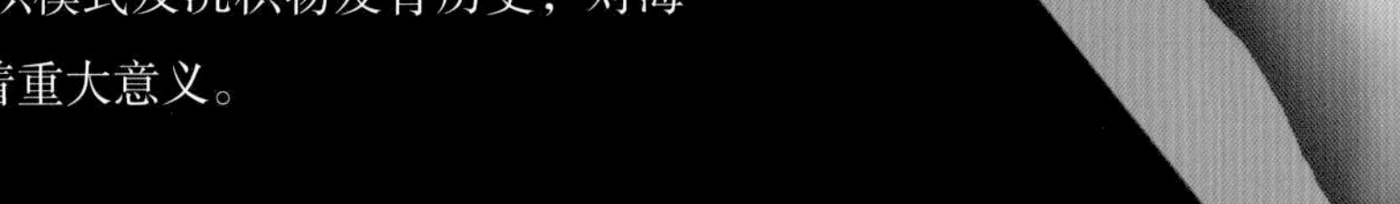

海洋地球物理调查

通过多道反射地震、海底地震、重力、磁力、热流、化探等调查，分析研究地层岩系、基底和地壳结构及地质构造演化过程，可为矿产、油气开发提供科学理论依据。

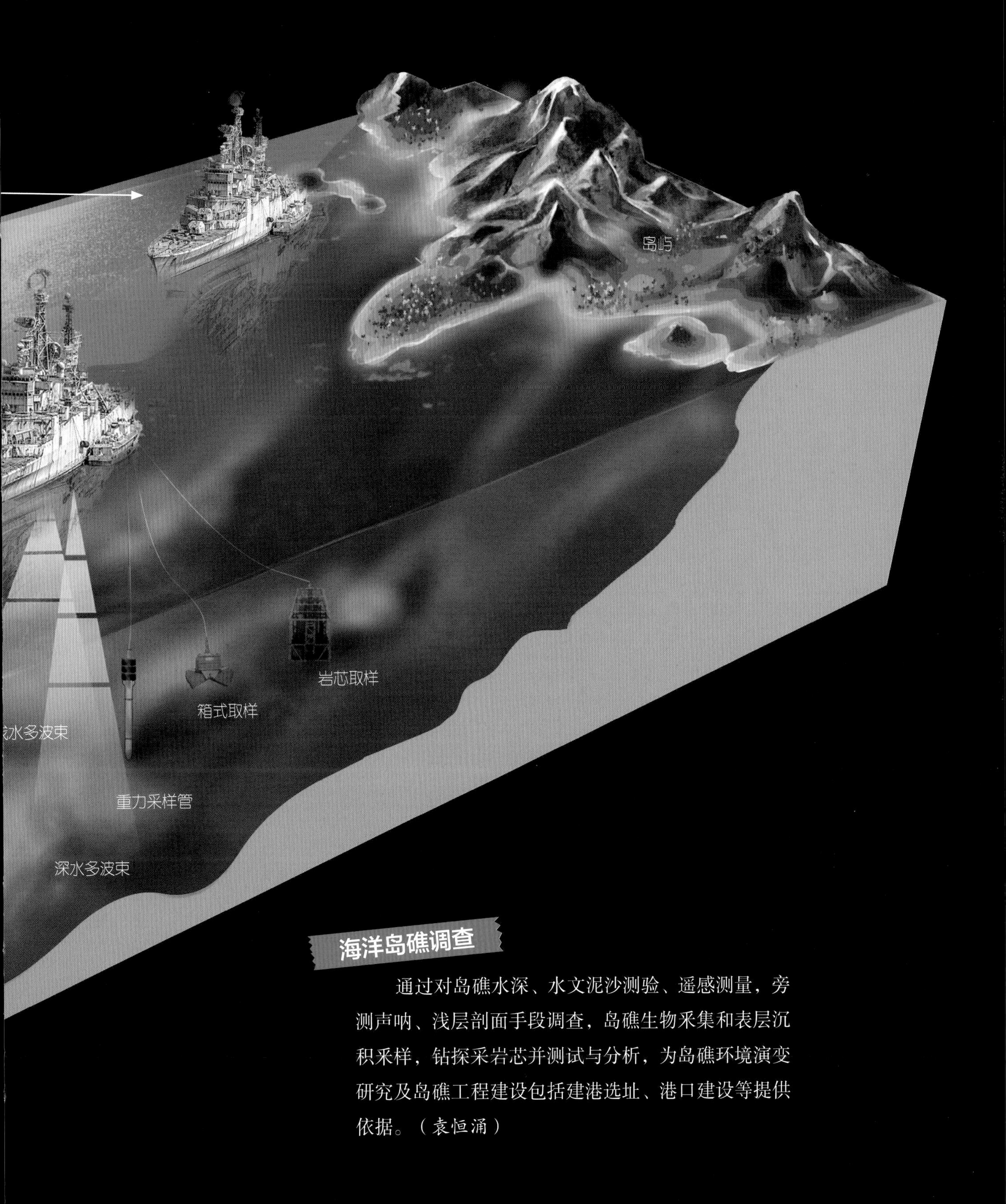

海洋岛礁调查

通过对岛礁水深、水文泥沙测验、遥感测量，旁测声呐、浅层剖面手段调查，岛礁生物采集和表层沉积采样，钻探采岩芯并测试与分析，为岛礁环境演变研究及岛礁工程建设包括建港选址、港口建设等提供依据。（袁恒涌）

走进海洋立体观测时代：海洋立体观测网

通信卫星
系留气球
地波雷达
波浪浮标
水下滑翔机
潜标
剖面浮标
海床基
全球海洋观测（GOOS）系统：
1992年，在世界气象组织（WMO）、联合国环境规划署（UNEP）和国际科学理事会（ICSU）的协助下，政府间海洋学委员会（IOC）执委会正式提出建立全球海洋观测（GOOS）计划。GOOS的主要产品包括：海平面变化预报，洋流的地点和强度，异常高浪的发生，海冰的范围，有害海藻发展的范围，渔业服务，干旱地区雨量预测，越冬期长度和寒冷状况，疾病暴发的可能性，等等。GOOS有助于改善风、海浪和海冰的预报；改善暴风雨、大浪、涌浪的警报；改善港口的管理、离岸的设计和业务，有助于海轮的行程安排和海上娱乐活动；改善对不良水质的探测，有助于渔业和水产业的管理；改善气候预报；改善对农业、能源业和水利业的降雨和温度的预报，有助于疟疾等流行病的预防等。

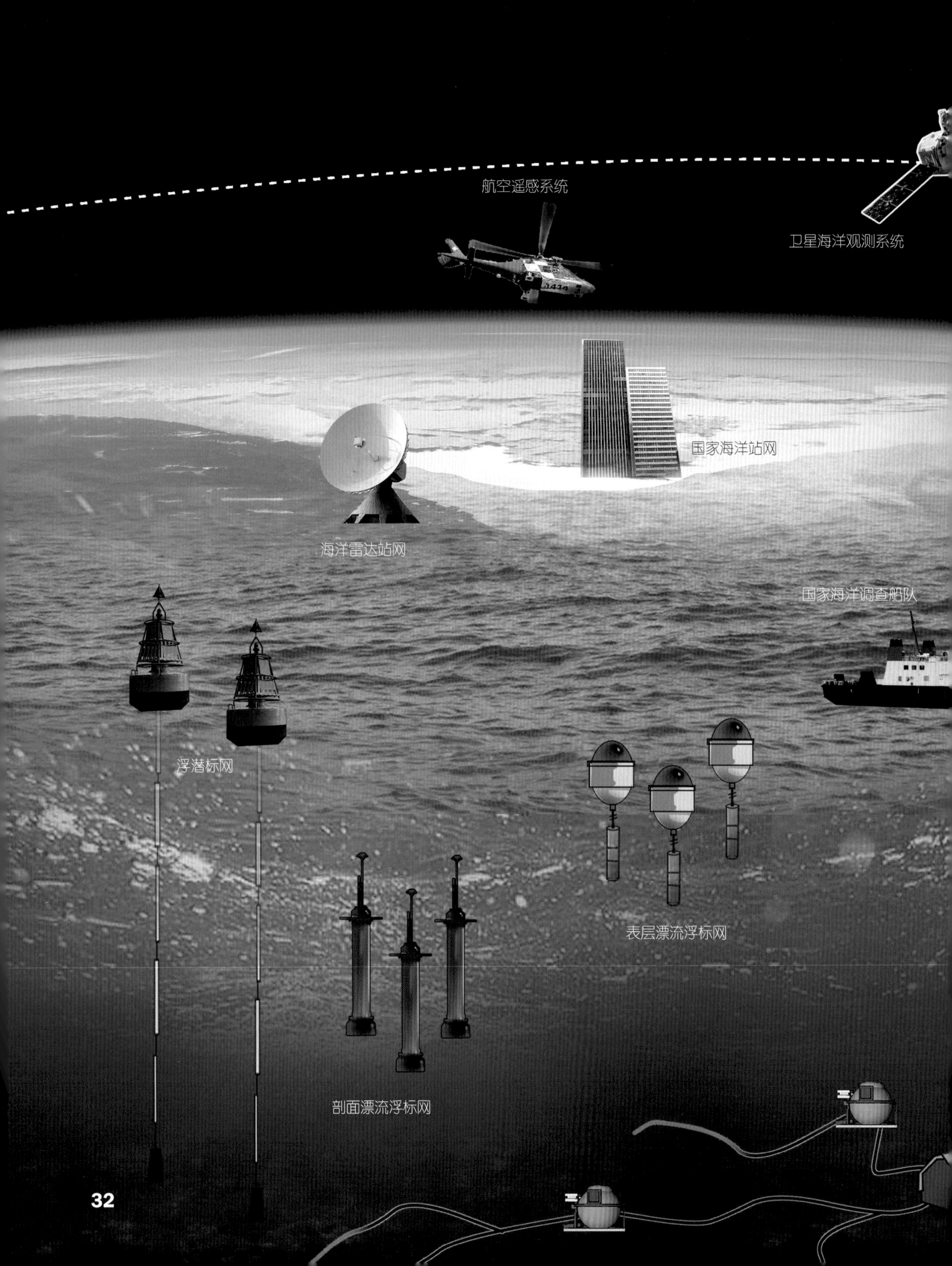
航空遥感系统
卫星海洋观测系统
国家海洋站网
海洋雷达站网
国家海洋调查船队
浮潜标网
表层漂流浮标网
剖面漂流浮标网

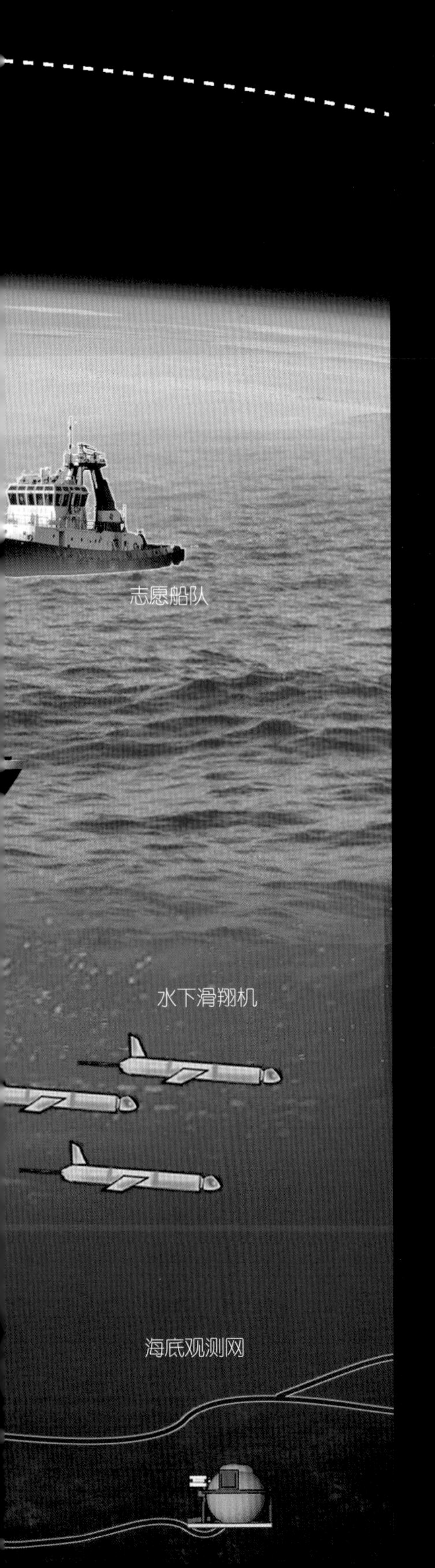

ARGO计划（ARRAY for REAL-TIME GEOSTROPHIC OCEANOGRAPHY）：也称“ARGO全球海洋观测网”，是由美国等国家的大气、海洋科学家于1998年推出的一个全球海洋观测试验项目。该项目构想用3～4年时间在全球大洋中每隔300千米布放一个卫星跟踪浮标，总计3 000个，组成一个庞大的ARGO全球海洋观测网，旨在快速、准确、大范围地收集全球海洋上层的海水温度、盐度剖面资料，以提高气候预报的精度，有效防御全球日益严重的气候灾害给人类造成的威胁，被誉为“海洋观测手段的一场革命”。

国家全球海洋立体观测网：国家全球海洋立体观测网的核心构成部分是国家基本海洋观测网和地方基本海洋观测网。其中，国家基本海洋观测网包括国家海洋站网、海洋雷达站网、浮潜标网、海底观测网、表层漂流浮标网、剖面漂流浮标网、志愿船队、国家海洋调查船队、卫星海洋观（监）测系统、海洋机动观（监）测系统及相应的服务和保障系统。经过多年发展，我国海洋观测已初步具备全球海洋立体观测雏形：目前已拥有包括海洋站（点）、雷达、海洋观测平台、浮标、移动应急观测、志愿船、标准海洋断面调查和卫星等多手段的海洋观测能力，近岸近海观测已初步覆盖管辖海域，极地和大洋热点海域观测有效开展，卫星遥感观测手段趋于成熟，海洋观测数据传输效率大幅度提高，海洋立体观测体系更趋完善。

扫一扫看视频

探秘海洋科考

海洋卫星遥感示意图

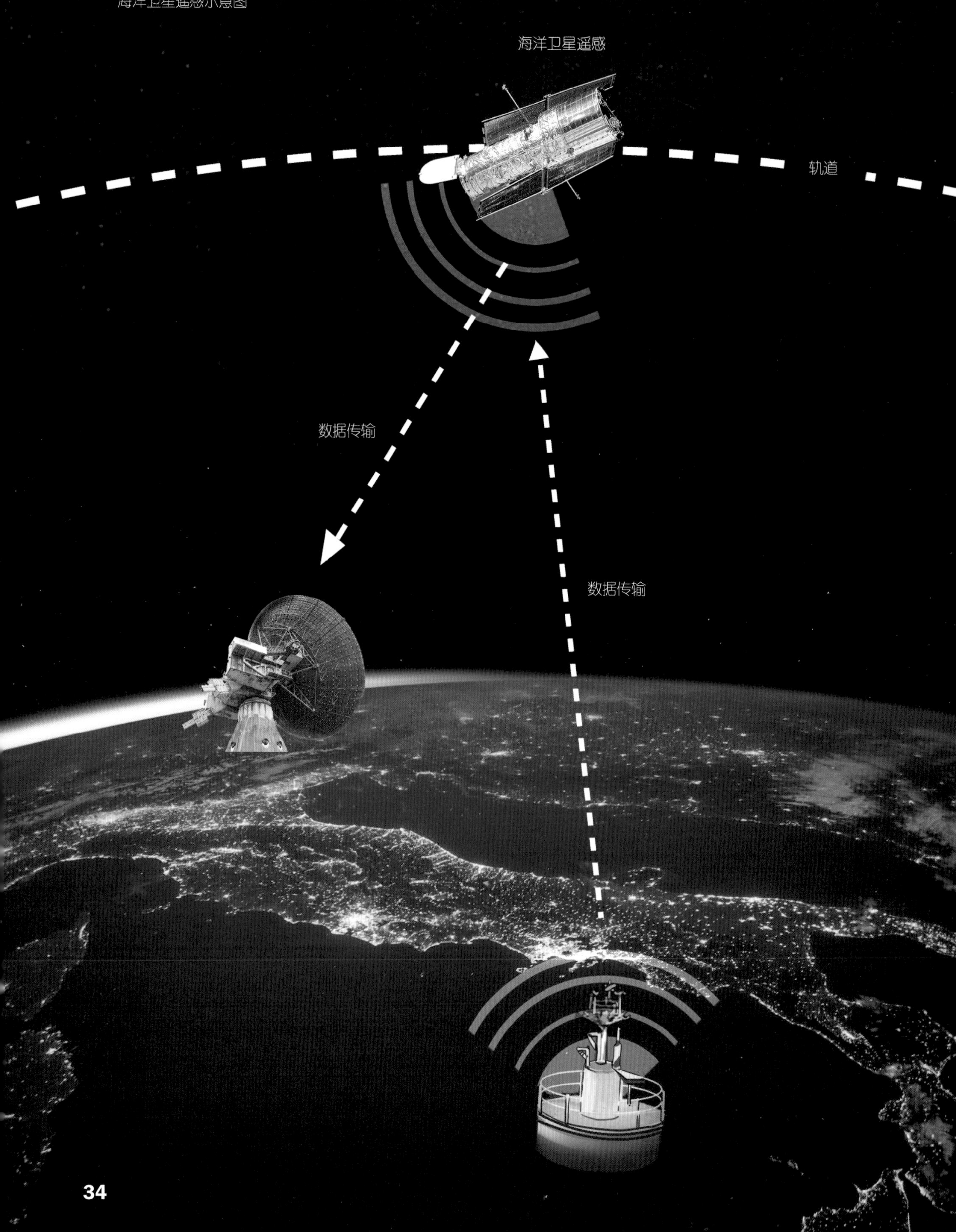

空天基观测

海洋卫星遥感

1957年，第一颗人造卫星发射成功，人类踏上了太空之旅。1978年，第一颗专门用于海洋观测的卫星Seasat-A发射升空，开启了人类探索海洋的新纪元。2002年，我国在太原卫星发射中心发射了第一颗海洋卫星，从此中国有了海洋卫星的历史。截至目前，中国已经成功发射包括HY-1A、HY-1B、HY-1C、HY-1D、HY-2A、HY-2B、HY-2C、HY-2D、中法海洋卫星CFOSAT和GF-3等海洋系列卫星或以海洋为主要应用方向的卫星，逐步形成有体系的海洋水色、海洋动力环境、海洋监视监测三个系列海洋卫星观测星座。

海洋卫星遥感是利用遥感传感器对海洋进行远距离非接触的观测，具有大范围、全天时实时成像观测的独特优势。利用卫星可以俯瞰整个海域，一眼望尽大范围海域信息，甚至可短时间内覆盖全球，相对传统技术手段，具有不可比拟的优势。

利用卫星观测海洋表面示意图

在过去50年中，卫星海洋学取得了巨大进展，卫星遥感获得的信息对我们研究海洋及其与天气和气候的关系产生了深远影响，甚至已经引发了海洋科学的一场革命。随着人们对海洋观测的空间覆盖度及时间连续性要求的提高，卫星遥感已成为海洋观测最重要的手段之一。

卫星遥感观测什么

卫星平台通过搭载不同的传感器来实现不同的观测目的。这些传感器就像是海洋卫星的“眼睛”。比如：以海洋水色为观测目标的卫星通常搭载有水色扫描仪、多波段成像仪、海岸带成像仪等；以海洋动力环境为主要目标的卫星通常搭载有雷达高度计（测量卫星到海表的距离）、微波辐射计（测量海面的辐射亮度和微波亮温）、微波散射计（测量海表的粗糙度）等；以高分辨率监测为主要目标的卫星通常搭载有合成孔径雷达（SAR，微波波段的高分辨率“相机”）。

海洋遥感的这些信息不仅为研究海洋提供了大量的数据，而且能在恶劣天气下为船只、飞机提供海况信息，帮助拯救生命。借助卫星遥感，人们从太空观测海洋，可以看得更多、更广、更清晰。

海洋水色遥感

当从太空俯瞰地球，会发现蓝色的海洋装扮着我们这个美丽的星球——地球。海洋水色遥感（也可以称为海洋颜色遥感或者海洋光学遥感）卫星通常搭载光学“相机”，通过水体颜色来获取水体的信息。我们日常使用的彩色数码照相机属于普通三波段的光学相机，而卫星搭载的光学“相机”比普通相机具有更多更窄的光谱波段、更优的信噪比和更高的灵敏度。这些光学信息可以告诉我们海洋的颜色、水中叶绿素的浓度、珊瑚礁的分布、悬浮泥沙的浓度、可溶性的有色有机物质的浓度等，用于评估海洋初级生产力水平、海洋渔业资源、海水富营养化等。海表叶绿素的卫星观测推动了全球生态系统及碳循环的研究，为碳源/碳汇问题提供科学估算依据。

海洋动力环境遥感

从太空俯瞰地球，会发现风、海浪、潮汐、海流千变万化，海洋一直处在动态变化中，并具有巨大的能量。海水的温度、盐度等特性在不同海域也全然不同。这些要素通过动力、热力影响着大洋的三维环流形态，改变着各处的水位，影响着海-气相互作用。

通过搭载的雷达高度计、微波散射计、微波辐射计等载荷，海洋动力环境卫星可以告诉我们海平面的变化、海表的高度起伏、海表温度、海表盐度、海表的风场（包括台风的移动）、海表的波浪及海啸、海水的流动结构、海洋水深、海冰覆盖范围、海洋中的涡旋演变等。这些信息不仅在海洋环境预报、灾害预警与海洋安全保障中发挥重要作用，也极大地推动了海洋科学、大气科学等相关科学的发展。（储小青）

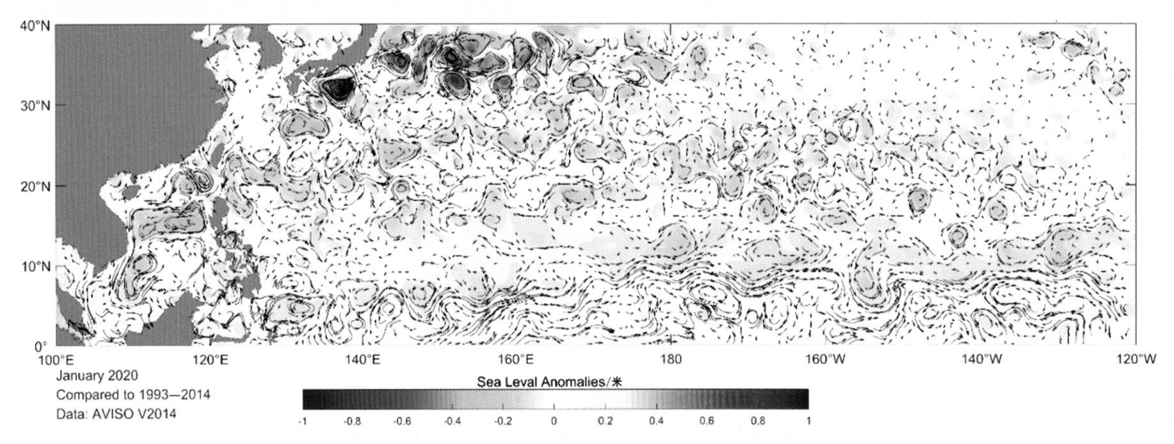

卫星观测到的2020年1月1日海表高度异常和流场（数据来源：海表高度计融合数据AVISO。可以看到海洋里有很多涡旋，这些涡旋的大小从几十到上百千米，分布在全球大洋，可持续数周到数月）

高分辨率遥感下的海洋

从遥远的太空俯瞰地球，会发现遥感的分辨率提高后，海洋呈现出多尺度复杂结构。我们能看到海风吹过，海面留下明暗相间、有规则的波浪条纹；看到台风螺旋式结构和清晰的台风眼；看到海上不停穿梭的船只，油船及海上油井溢油留下的细长轨迹；看到大洋海岛清晰的海岸线。

通过合成孔径雷达等多种高分辨率传感器，可实现对海洋的精细监视监测，为刻画海上精细目标和现象提供丰富的信息，如海洋内波、涡旋、海岛海岸带、海面污染、水下地形、海冰和冰盖、船只和溢油等。

卫星遥感是现代最重要的技术发明之一。与传统的船舶、浮标数据相比，卫星的工作平台大都在离地面500～1 500千米的轨道上，全天时（无论白天黑夜，24小时不间断）都能大面积同步测量是其重要优点，且具有越来越高的分辨率。尽管第一颗海洋专用卫星Seasat-A（1978年，美国）只运行了108天就因电源故障而中断，但是很多海洋学家认为，它所采集的数据和提供的信息，比以前所获得的观测数据总和还要多。目前，多时相、多平台的组合观测可以满足各种海洋现象变化研究及全球变化研究的需求。（储小青）

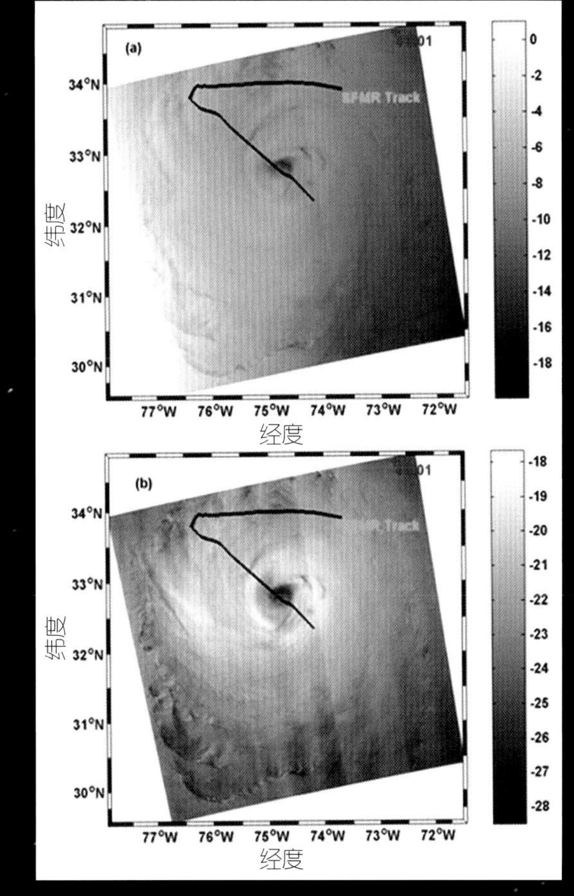

2010年9月2日22:59（UTC世界协调时间）台风Earl 的SAR监测图像［数据来源：RADARSAT-2的垂直极化（a）和交叉极化（b）图像。黑线为飞机根据SAR卫星数据而实施机载辅助观测的轨迹］

利用多颗卫星搭载不同的传感器，实现海洋的水色、动力环境、高分辨率图像等多要素的同步观测（图片参考：NASA/ESA）

航空遥感

航空遥感是以飞机或气球作为工作平台进行成像或扫描的一种遥感方式。海洋中航空遥感的应用目前主要集中于海岛和海岸带的监测、海洋卫星遥感前期的科学实验及海洋灾害应急等方面。航空遥感包括有人驾驶飞机、无人驾驶飞机和气球。

有人机遥感

有人机遥感主要借助专门用于遥感观测的载人飞机来完成遥感观测。国内拥有这些载人遥感飞机的单位包括中国科学院空天信息创新研究院、自然资源部中国地质调查局等。除此之外，海洋执法机构也借助有人机遥感来执行海监任务，例如中国海监南海航空支队。其上搭载的仪器包括多光谱/高光谱成像仪、红外扫描仪及机载合成孔径雷达等。有人机航空遥感主要用于海岸带和岛礁的调查，以及相关科学实验。（储小青）

中国科学院航空遥感中心"奖状S/II"型高空遥感飞机（图片来源：中国科学院空天信息创新研究院）

自然资源部南海局"中国海监B-5002飞机"
（图片来源：南海局网站）

无人机遥感

无人机是利用无线电遥控设备和自备的程序控制装置操纵的不载人飞行器。无人机通常分为固定翼飞机和多旋翼飞机，在重量方面通常分为微型无人机、轻型无人机、小型无人机及大型无人机。在海洋立体观测中使用轻型和小型无人机较多。

无人机实现的功能由所搭载的传感器性能决定。无人机遥感可以实现对水体颜色的探测，获取水体高光谱信息，从而实现对水体叶绿素、悬浮泥沙、溶解有机质及其他水色、水质环境的遥感。无人机可以实现对海岛海岸带的高分辨率测绘，获取海岛海岸带信息。

无人机水体光谱观测

探空气球

探空气球是用来探测从地面到一定高度范围（通常为几千米到几十千米）的大气参数分布廓线的设备。从20世纪20年代投入应用开始，直到今天，探空气球由于使用成本较低、操作简便，仍是地面气象站高空气象探测最主要的直接探测方式之一。

探空仪是探空气球的核心组件，其内部安装有大气参数测量装置、GPS定位装置和通信装置，其探测数据实时回传。探空气球属于一次性抛弃式测量设备，气球爆炸后自由下落。由于探空仪本身重量极轻且外部一般包裹有很厚的超轻质保温泡沫，系统的降落速度比较慢，不会对地面设施和人员造成威胁。现在，有厂家为了提供更高的效费比，在探空仪系统上设置了降落伞，可以获取下降阶段的探测数据。（唐世林）

陆基观测

雷达

雷达是海洋遥感探测设备。根据探测要素不同，主要可以划分为以下几类：

扫一扫看视频

海洋观测动画演示

海洋气象探测雷达

根据安装条件，主要分为陆基、海上平台固定式安装和船载等移动平台安装。目前海洋调查常用的气象观测雷达主要有以下三大类。

测风雷达：有微波风廓线雷达、激光风廓线雷达和扫描型风廓线雷达。

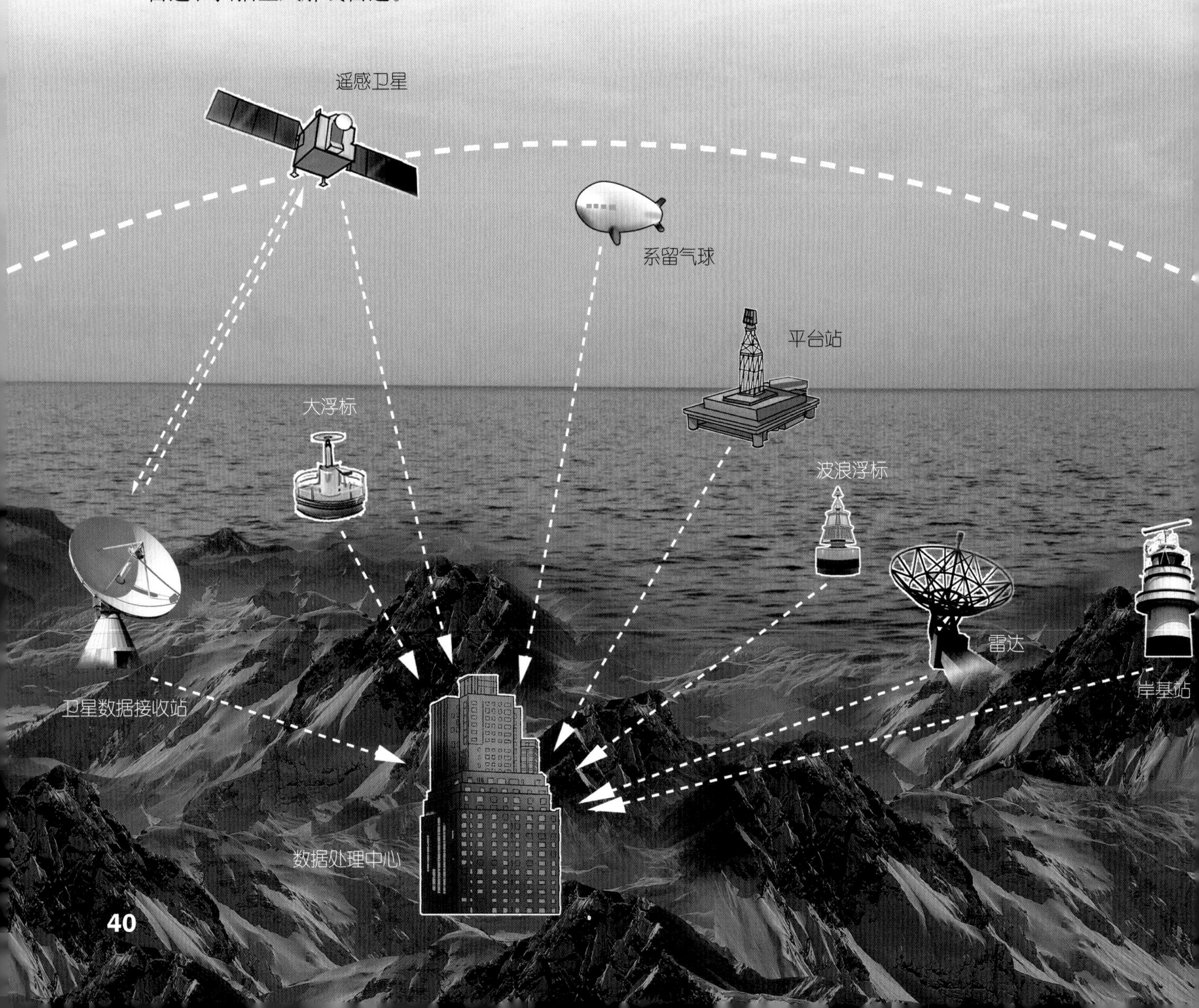

CFL-03型边界层风廓线雷达

激光风廓线雷达WindCube V2（左）
和扫描型风廓线雷达 WindPrint s4000（下）

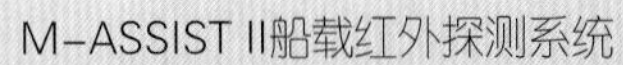

M-ASSIST II船载红外探测系统

拉曼吸收温湿廓线激光雷达

大气温湿廓线雷达：有红外辐射温湿廓线雷达、拉曼吸收温湿廓线激光雷达。

天气雷达：主要用于天气现象和过程探测，实时获取云、雨等天气目标的距离、方位、反射率、径向速度等信息及反演产品，实现对天气目标的自动识别、跟踪、分析，有效监测预警危险性天气，为科研人员提供丰富全面的数据资料。

根据天气雷达工作原理不同，主要分为：传统天线机械扫描式雷达，如X波段维萨拉WRS400数字天气雷达；相控阵天线雷达，如X波段WR-X50P（单偏振）单元级数字相控阵天气雷达。

X波段维萨拉WRS400数字天气雷达

X波段WR-X50P（单偏振）单元级数字相控阵天气雷达

海洋表面要素探测雷达

海洋表面要素探测雷达主要包括海浪观测雷达、表层海流测量雷达两大类。

其中海浪观测雷达主要包括测波雷达和高频地波雷达。

测波雷达：根据工作频段不同主要分为X波段和S波段测波雷达。

其中，X波段雷达的工作原理主要是通过船用X波段导航雷达采集海面粗糙度数据，然后对这些参数数据进行计算，获得海浪参数。

S波段雷达基于多普勒原理，连续测量各方向水质点的轨道速度和回波强度，再通过线性海浪理论计算出海浪谱和速度谱。同时，根据视向速度与海流速度的对应关系，获得该方位的径向海流。通过6个方位的数据融合得到有向浪高谱、海浪等统计值（如有效浪高、浪周期、浪向等）及矢量流等多种参数，最后根据海风与海浪的关系，提取海风信息。该系统采用的是一种“直接”测量海浪的方法，无须校准即可得到准确的海浪谱等结果。

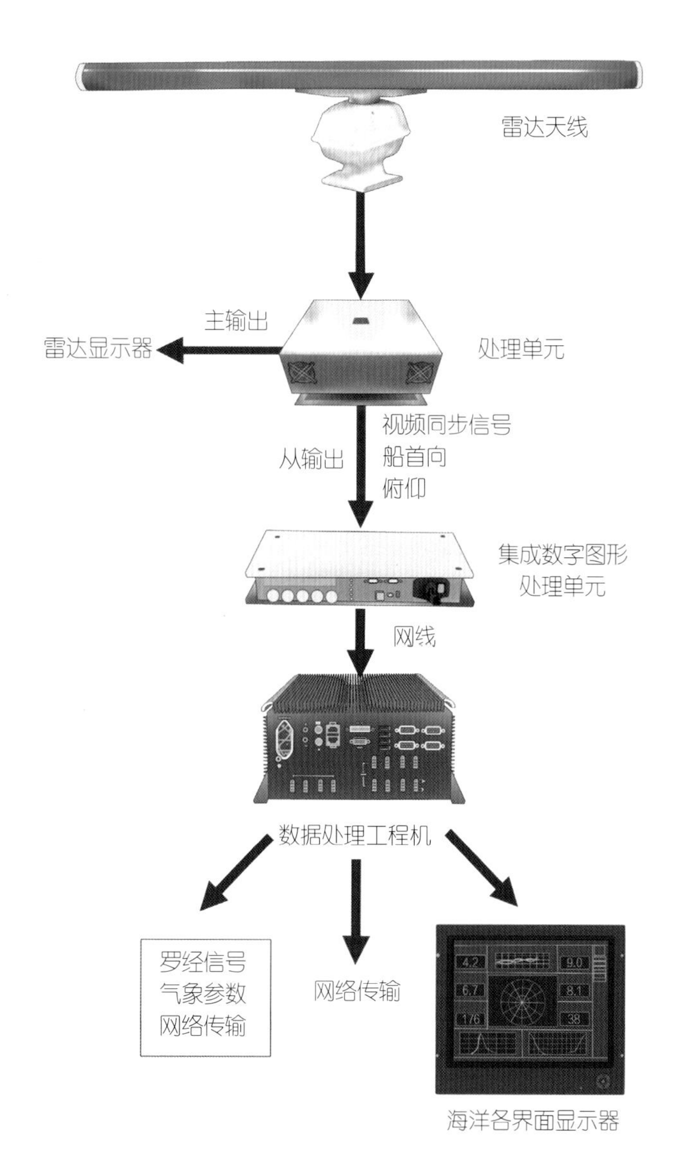

WAVEX 5.5 型X波段测波雷达

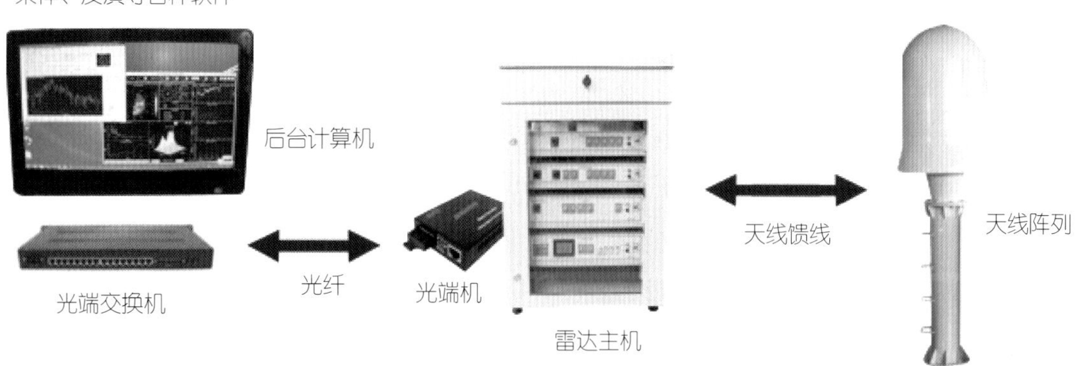

MORSE3型S波段多普勒测波雷达

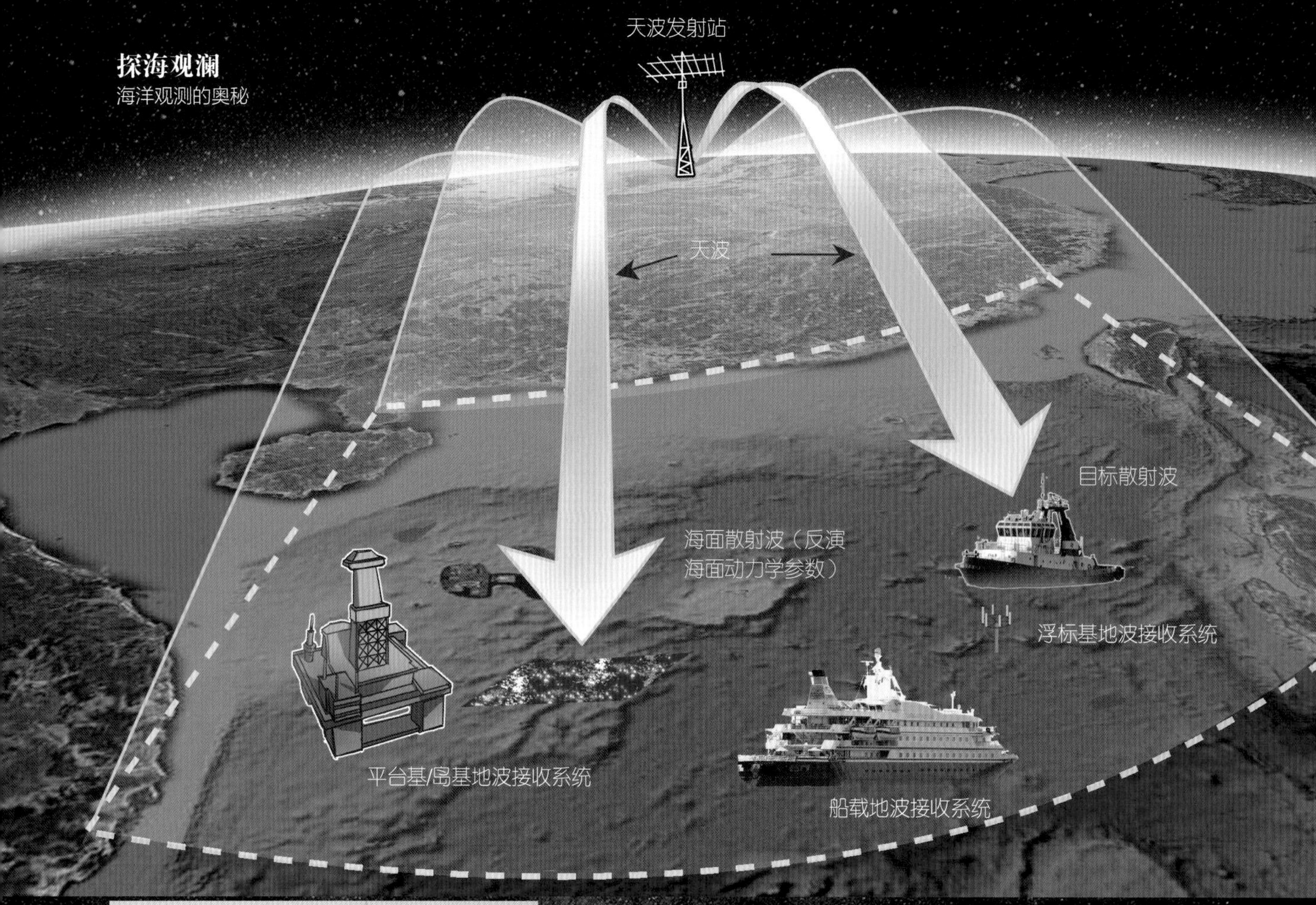

武汉大学天地波一体化MIMO收发技术验证系统

OSMAR100型便携天线高频地波雷达系统：发射天线（上）和接收天线（下）

高频地波雷达：高频地波雷达利用短波在导电海洋表面绕射传播衰减小的特点，利用海洋表面对高频电磁波的一阶和二阶布拉格散射谱峰偏移特征，从雷达回波中提取海表径向流和风浪信息，实现对海洋环境大范围、高精度和全天候的实时监测。通过两台雷达对同一目标的交叉照射，可以获得目标点的矢量流特征。

根据发射和接收天线的特点，此类雷达可以分为阵列式雷达、紧凑阵列天线雷达和便携式天线雷达。基于电磁波的传播特征，高频地波雷达要求布置在海岸附近，通常不超过一个工作频段的波长（数十米）。

基于天地波一体化MIMO（多输入-多输出）体制的超视距海洋雷达探测组网系统，建造由岸基天地波-船基-浮标基等多节点构成的超视距雷达网，使得雷达节点间形成互发互收的探测构架。其中，船基和浮标基雷达节点采用小型天线及低功耗模块，信号处理中通过对浮标平台运动的实时补偿实现对周边50 ~ 100千米海上目标的探测。

岸基站

岸基海洋观测台站是指建造在沿海地区，针对特定地域海洋过程开展海洋环境监测任务的观测基地。

根据其主要功能，可以分为以下三类：

水文观测站

最常见的就是验潮站或者水位观测站，主要提供观测海域的基础水文信息。

国家海洋局建成了覆盖我国沿海大陆岸线的海洋水文站站网，提供各海区基础海洋水文信息。例如，目前我国高程基准面——黄海基准面，就是将青岛验潮站在1950年至1956年潮汐观测资料中算得的平均海面作为高程基准面。随着海洋环境监测需求的增加，拓展海-气相互作用、海流和海浪等海洋综合观测能力是当前海洋水文观测站能力建设的主要内容。

青岛验潮站水准零点

中国科学院大亚湾海洋生物综合实验站

生态环境观测站

这是除了海洋水文观测站外，针对特定海域海洋生态环境及生物生态过程等进行监测和研究的观测台站。

其中，比较有代表性的有中国生态系统研究网络（CERN）内的海湾生态系统实验站，专门针对特定的海湾生态系统开展长期跟踪观测研究。例如：中国科学院大亚湾海洋生物综合实验站以亚热带沿岸生态与生物资源的可持续利用研究发展为科学目标，以海湾生态系统结构、功能及其演变过程为核心，开展长期综合观测和实验研究，为生态学和资源环境科学等相关学科的发展提供野外实验和研究平台，为中国生态系统优化与综合管理提供典型示范，为可持续发展提供宏观决策依据。

深海观测站

这是建设在远海岛屿，针对深海海洋过程及其生源环境效应开展长期连续观测研究的海上实验基地。

中国科学院近海观测网络在南海西沙和南沙海域建设了2个深海海洋观测研究站。其中，西沙深海海洋环境观测研究站也是目前中国唯一一个水深超过1千米的深海海洋环境长期观测研究站，其观测网络所覆盖的西沙周边海域是我国海上交通最繁忙的海区之一，也是研究南海北部深水海盆海洋环流动力学和海-气相互作用及其生源环境效应的关键海域。其周边动力环境复杂，既包括南海北部西边界流、季节性中尺度涡旋（西沙暖涡），又有复杂地形导致的深层中尺度涡旋、地形Rossby波及孤立内波等多种复杂动力过程在此汇聚一堂，是研究南海深海海盆内部中尺度海洋动力学特征、南海海盆地质构造演变及南海西北部西边界流区域动力、环境、生态等过程的天然实验室。（陈举）

中国科学院西沙深海海洋环境观测研究站

海基观测

浮标

浮标是指搭载探测设备，漂浮在海表或者水体特定深度，采集环境相关信息的观测平台。

根据平台特点，浮标主要分为以下几类：

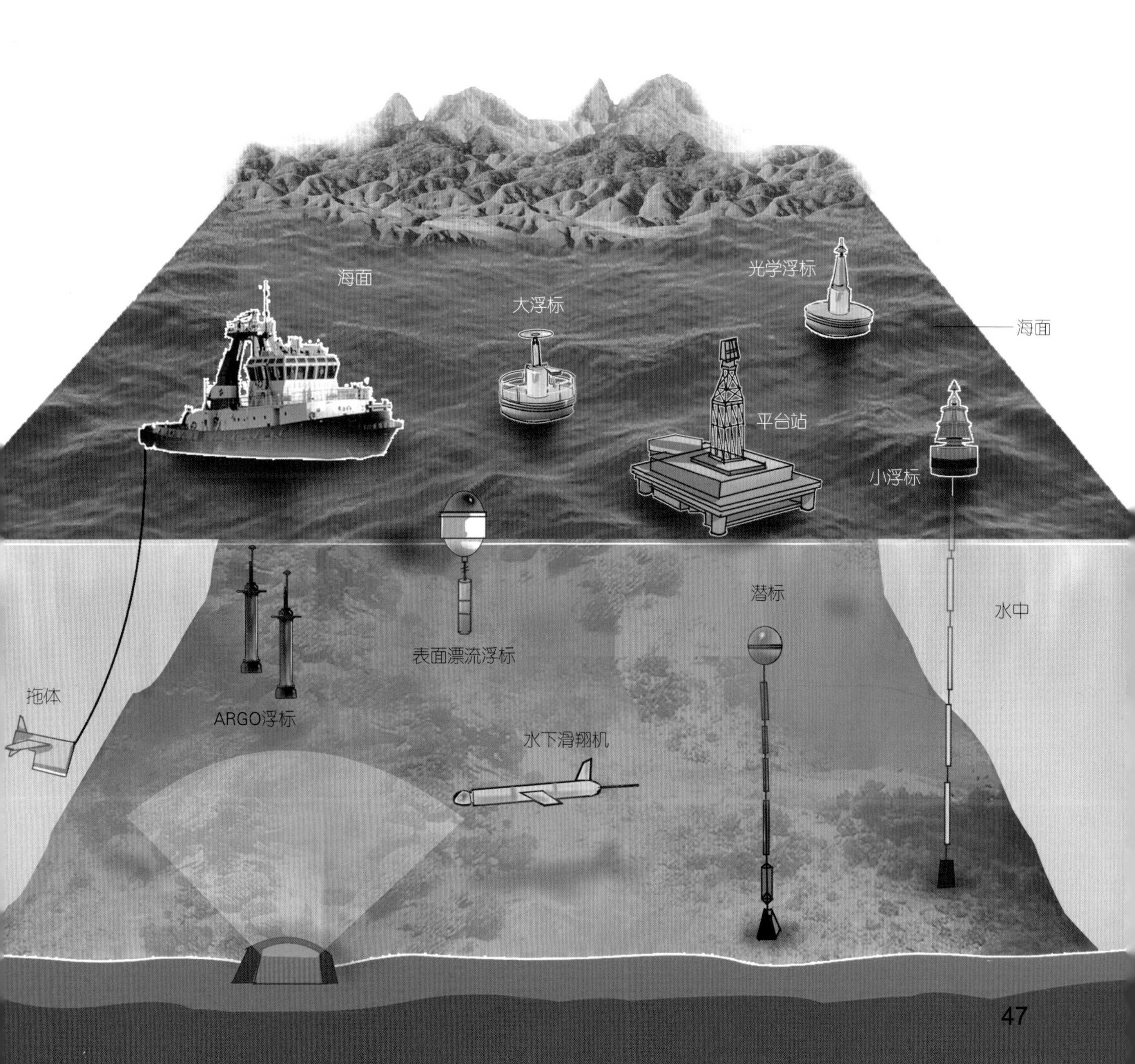

卫星跟踪海表面漂流浮标

卫星跟踪海表面漂流浮标主要搭载了全球卫星定位系统（包括GPS系统和北斗系统）和卫星通信系统（通常为铱星通信）。根据应用需求，部分浮标还搭载了海水温度传感器、气压传感器及其他气象要素观测设备等。浮标连接线缆、水帆和配重，使得浮标运动轨迹能够最大限度地反映特定水层水体运动特征。科研人员定期采集浮标位置，并发送到后方数据平台的观测平台。

表面气象浮标海面主浮标体

剖面观测浮标系统

自沉浮式剖面探测浮标作为一种海洋观测平台，首先应用在国际ARGO计划，故又被称为ARGO浮标。国际ARGO观测计划已经在全球海洋布放了约4 000个浮标，上层海洋2 千米以内的洋流、水体温度和盐度等信息都基本能被这些浮标实时捕获。

近年来，搭载生物化学传感器的Bio-ARGO得到高速发展，为全球生物地球化学循环过程研究提供了新的观测手段。同时，为了解决ARGO浮标能源限制，采用温差发电模块的ARGO浮标也已经逐渐投入科研应用。随着深海研究的兴起，深海剖面浮标的发展也得到了重视。

锚定浮标观测系统

锚定浮标观测系统通过锚定系统将浮标观测平台固定在特定海域，连续采集该海域相关海洋现象和过程的时间演变信息。根据其主要功能不同，可分为海洋水文气象观测浮标、海洋光学浮标和海洋生态观测浮标等。

海洋水文气象观测浮标：长时间连续观测海面常规气象，海气界面通量，上层海洋水体温度、盐度、海流以及海浪等参数变化，为海洋动力学研究、海-气相互作用过程研究及海洋环境监测提供实时观测支撑。（陈举）

海洋光学浮标：海洋光学浮标主要用于水下光辐射分布和水体光学特性的长时间序列监测，在水色遥感现场定标和数据检验、赤潮及浮游植物种群现场监测、水体污染监测和生态过程的多学科联合研究方面有重要的应用价值。

1994年，国际上第一台海洋光学浮标在美国研制成功并投入应用。随后，英国、日本、法国等国家先后研制出各具特色的光学浮标系统。我国于“十五”期间开始了海洋光学浮标技术的自主研究。经过十年的努力，开发出具有自主知识产权的海洋光学浮标系统，并已推广应用到近海海洋环境监测和大洋多学科联合监测，为我国海洋环境变化的长时间、多尺度监测提供了新技术。这标志着我国成为继美国、英国、日本、法国之后第五个掌握相关核心技术的国家。（李彩）

中国科学院南海海洋研究所海洋光学浮标布设

潜标

海洋潜标是指采用锚定系统将海洋观测设备固定在海面以下特定深度层次的观测平台。与海洋锚定浮标相比，潜标系统最大的区别在于，在海洋表面没有观测节点，其所有的观测节点均设置在海面以下，系统安全性远高于海面浮标。

与此相对应，由于海水对无线电波等有阻隔效应，潜标观测的数据不能实时传回后方，都是采用定期维护采集数据的方式进行工作。随着海洋研究对观测数据时效性要求的提高，潜标数据的实时或准实时回传是当前观测系统建设的主要挑战之一。（陈举）

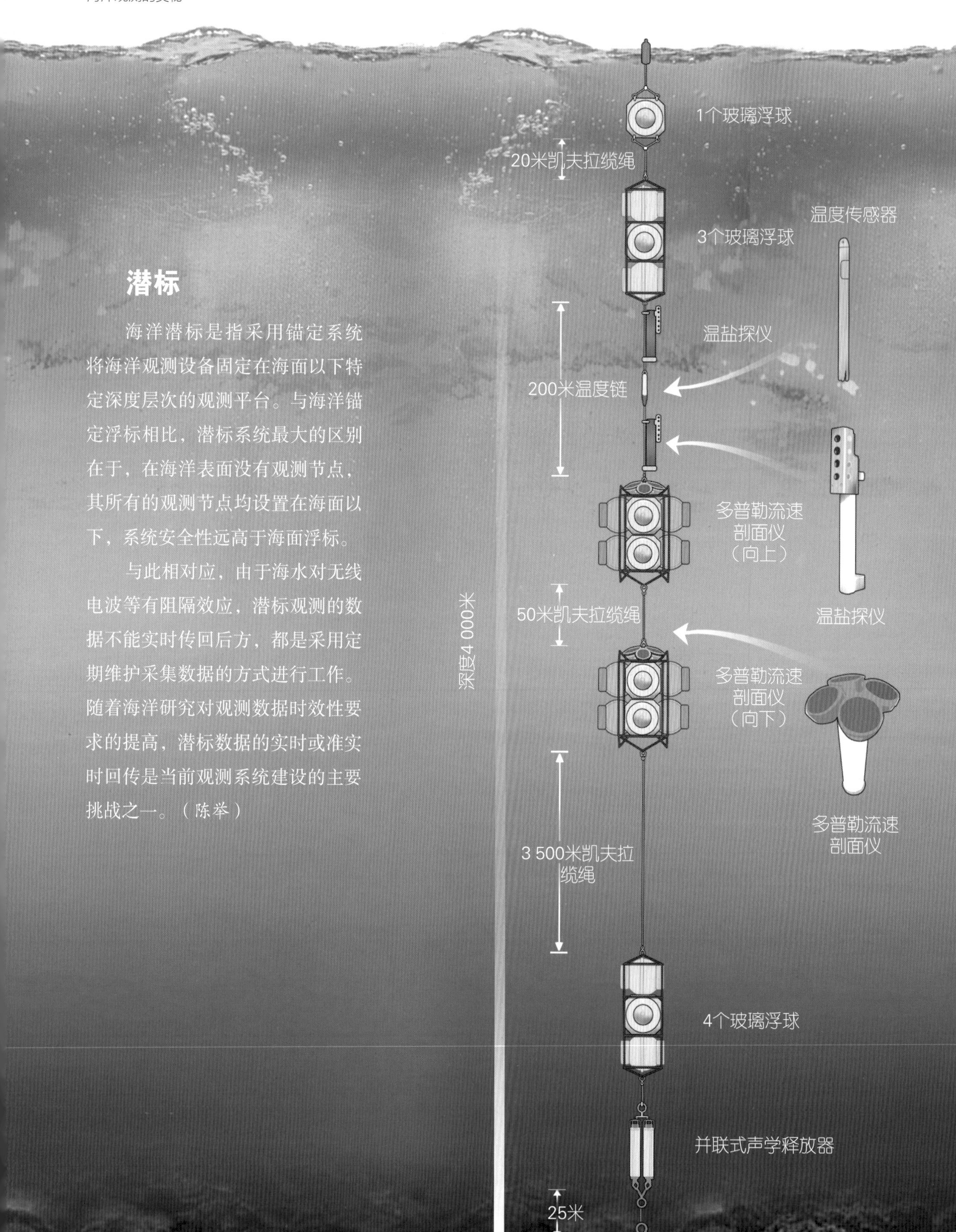

东印度洋潜标阵

坐底式水文潜标回收场景

坐底式水文潜标工作状态

坐底式水文潜标在珊瑚礁坪悬崖边的固定

扫一扫看视频

坐底式水文潜标布放和电缆铺设作业

水下滑翔机

水下滑翔机无外挂推进装置，是依靠自身浮力驱动的新型自主式水下载具，可以安装温度、电导率、深度、pH、溶解氧等各种传感器以收集海洋物理及生态学科相关要素资料。由于海洋中尺度过程对观测数据的实时性、同步性、连续性及多维度均有需求，科研人员可用多台设备进行编组，对同一动力过程开展准同步3D连续观测。（吴泽文）

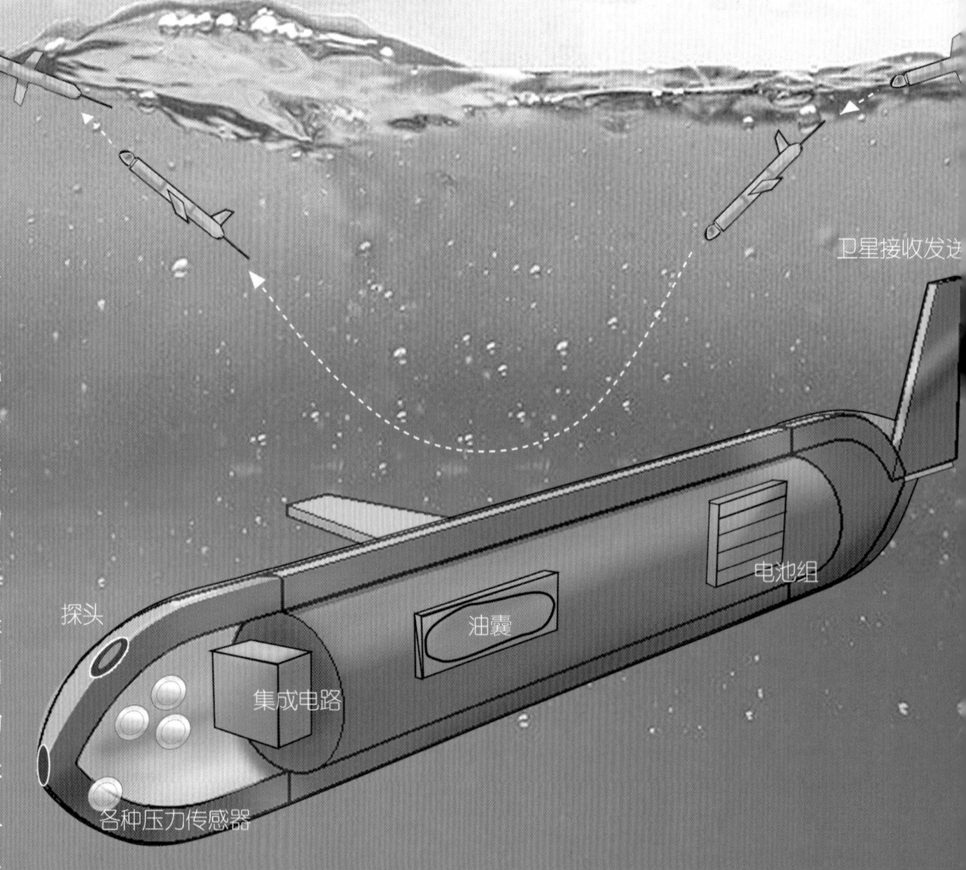

拖体装置

海洋拖体观测系统是为快速采集海洋学数据而开发的，采用最新的碳纤维成型技术进行建造，能够搭载多种传感器。系统独具流体动力学设计，具有垂直和横向控制的襟翼，能通过一台功能强大的工业计算机根据预先编程的航行路线，在高速情况下高效地收集高质量的数据，保证系统的高度稳定性和灵活性，大大减少母船工作时间。

系统主要由拖体、甲板单元、集成仪器、绞车等组成。海洋拖体能用10节以下的船速进行拖曳观测，在水下1～350米之间起伏，同时可以将拖体定位在船舶两侧，从而使垂直剖面能够在未受干扰的水柱中进行；海洋拖体能快速获取海洋3D温度、盐度、海流、叶绿素等高分辨率的海洋要素观测数据，为中小尺度海洋动力过程研究、海-气相互作用研究、生态环境效应研究、海洋数值预报系统的参数化研究提供数据基础。（吴泽文、张镇秋）

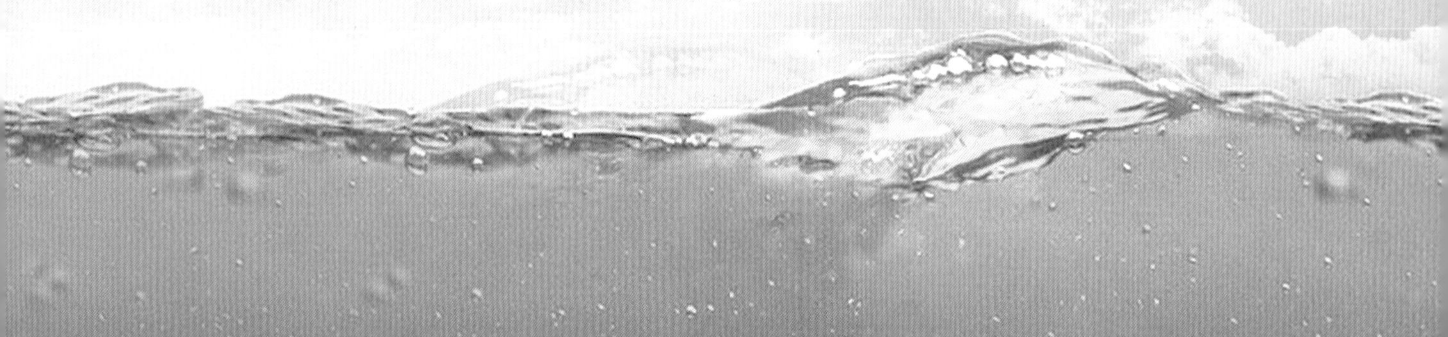

“东鲲”系列自主研发观测仪器

由我国科学家与企业联合自主研发的“东鲲”系列海洋观测仪器，得到了国家高技术发展“863”项目等国家级研发项目的经费支持。

该系列仪器包含水下热通量观测系统、湍流微结构剖面仪、微型湍流仪、快速温度传感器、温盐深仪、温度链等，可直接观测海洋湍流、海洋内部混合及海洋内部热量交换，研究海洋湍流混合、耗散、输运等物理过程。湍流微结构剖面仪和微型湍流仪还能搭载在水下滑翔机等多种观测平台上，实现连续不间断观测，使我国的水下滑翔机“耳聪目明”，翱翔深蓝。

这一系列观测仪器用途广泛，对研究海-气相互作用机理，改善大气环流模式、海洋环流模式、海-气耦合模式具有重要意义；可提高海洋和天气预报的精度，为预测中长期气候变化及海平面升高提供精确数据。（尚晓东）

“东鲲”系列自主研发观测仪器

自主研发水体体散射函数测量仪

水体体散射函数是水体固有光学特性的关键参数之一。多角度水体体散射函数测量仪是由我国自主设计、研发的海水体散射函数特性测量仪，水下剖面工作深度可达150米，可用于0～170度范围内7个角度水体体散射函数及衰减系数的同步快速剖面测量，测量频率可达6赫兹。2010年，科研人员利用上述体散射函数测量仪首次对我国境内典型海域水体体散射函数的剖面及角度分布规律进行了现场调查研究。

扫一扫看视频

原位智能感知——海水中的光与营养

阵列式多角度水体体散射函数测量仪

多角度水体体散射函数测量仪的研制和应用，使我国成为继美国、乌克兰之后世界上第三个拥有多角度水体体散射函数快速剖面技术的国家，对我国海洋光学特性测量技术及装备的发展起到了巨大的推动作用。

在上述多角度水体体散射函数特性测量仪的基础上，为拓宽体散射函数测量仪的适用范围，科研人员提升了体散射函数角度分辨率、测量范围及不同角度数据采集的同步性和数据采集频率，将它优化为广角水体体散射特性快速剖面仪——水下剖面工作深度可达200米，可用于0～170度范围内17个角度水体体散射函数及衰减系数（0度透射）同步快速剖面测量，测量频率可达10赫兹。该测量仪无须借助吸收衰减系数测量仪（ACS）即可同机快速获取水体体散射特性剖面及角度分布规律。（李彩）

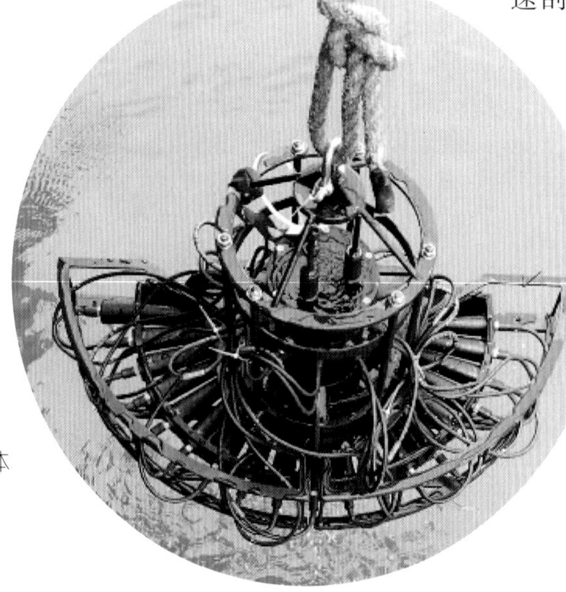

阵列式广角水体体散射函数测量仪

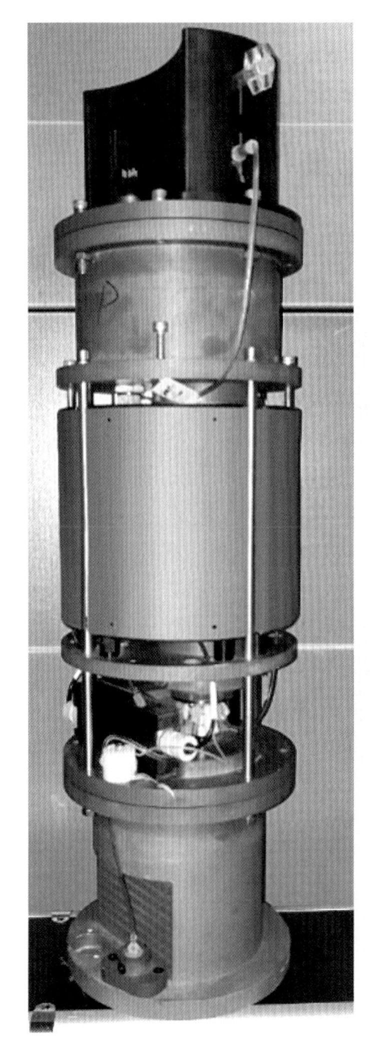

海水营养盐原位快速测量仪

自主研发海水营养盐原位快速测量仪

海水营养盐是海洋初级生产力及食物链的基础。营养盐可在一定程度上促进或破坏海洋生态环境的健康发展。

在国家“863”计划、国家重点研发计划等项目的支持下，经过十多年的努力，我国已开发出具有自主知识产权的小型海水营养盐原位快速测量仪。仪器自带微型过滤装置及试剂储存盒，可用于海水中氮、磷、硅等可溶性营养盐的水下原位快速测量。测量耗时最短仅需5分钟，检测下限可达15纳米，单次测量试剂需求量不超30微升。仪器适用于浮标、岸基、海底座底基及实验室等多种平台，非常适合用于长时间序列在线及原位监测/监控。（李彩）

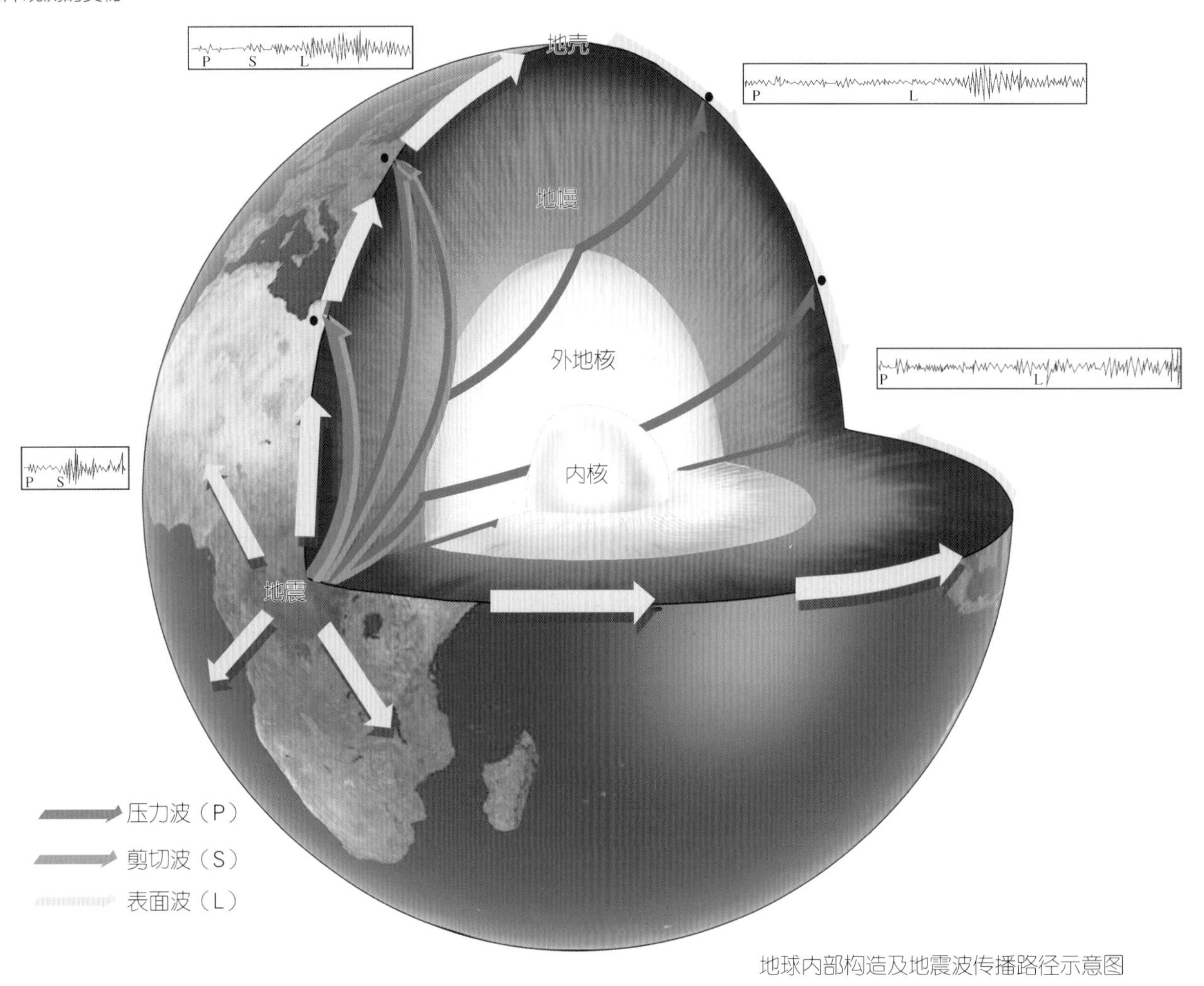

地球内部构造及地震波传播路径示意图

海底地震仪

地球内部结构分为地壳、地幔、地核三个部分。地球的半径约为6 700千米，但目前地表钻孔最深也不过12千米，连最薄的地壳都没有打穿。那地球科学家是如何知道地球深部分层构造的呢?

地壳或者上地幔发生地震后，地震波穿透地球内部回到地面，地面上不同区域的地震仪接收到该地震波。通过对这些地震波进行研究，发现地球内部存在着地震波波速突变的若干界面，地表存在着无法收到部分地震波的“阴影带”。这些证据显示了地球内部具有层圈状构造。

由上可知，地震探测是研究地球内部构造的有效手段。世界上的天然地震大多发生在海洋及洋陆交界地带，而地震观测台站绝大部分都布放在大陆或者海岛上，海洋中的地震观测台站稀少且分布不均匀。因此，在海洋中开展地震观测的需求非常强烈。

于是，地震学家们研制出了适合在海底进行地震观测的利器——海底地震仪（ocean bottom seismometer，OBS）。海底地震仪被布设于海底，用于记录人工或天然地震产生的地震波形。通过分析这些地震波形，地球物理学家可获取地下结构影像，为海洋油气资源开发、构造演化历史研究和地质灾害预防等问题提供科学依据。

海底地震仪及其组成的海底流动地震观测台阵，除了用来接收天然地震信号及分析深部地球构造外，还可以用来接收人工产生的地震信号，进行浅层地壳精细结构探测，包括油气资源勘探、地壳速度结构分析等。

在科考船上等待投放作业的OBS（左图）；OBS拆掉外壳后的实物（右图）——耐压防水舱是一个玻璃球，内部集成了电池、三分量地震检波器、采集和存储电路、声学通信电路等部件

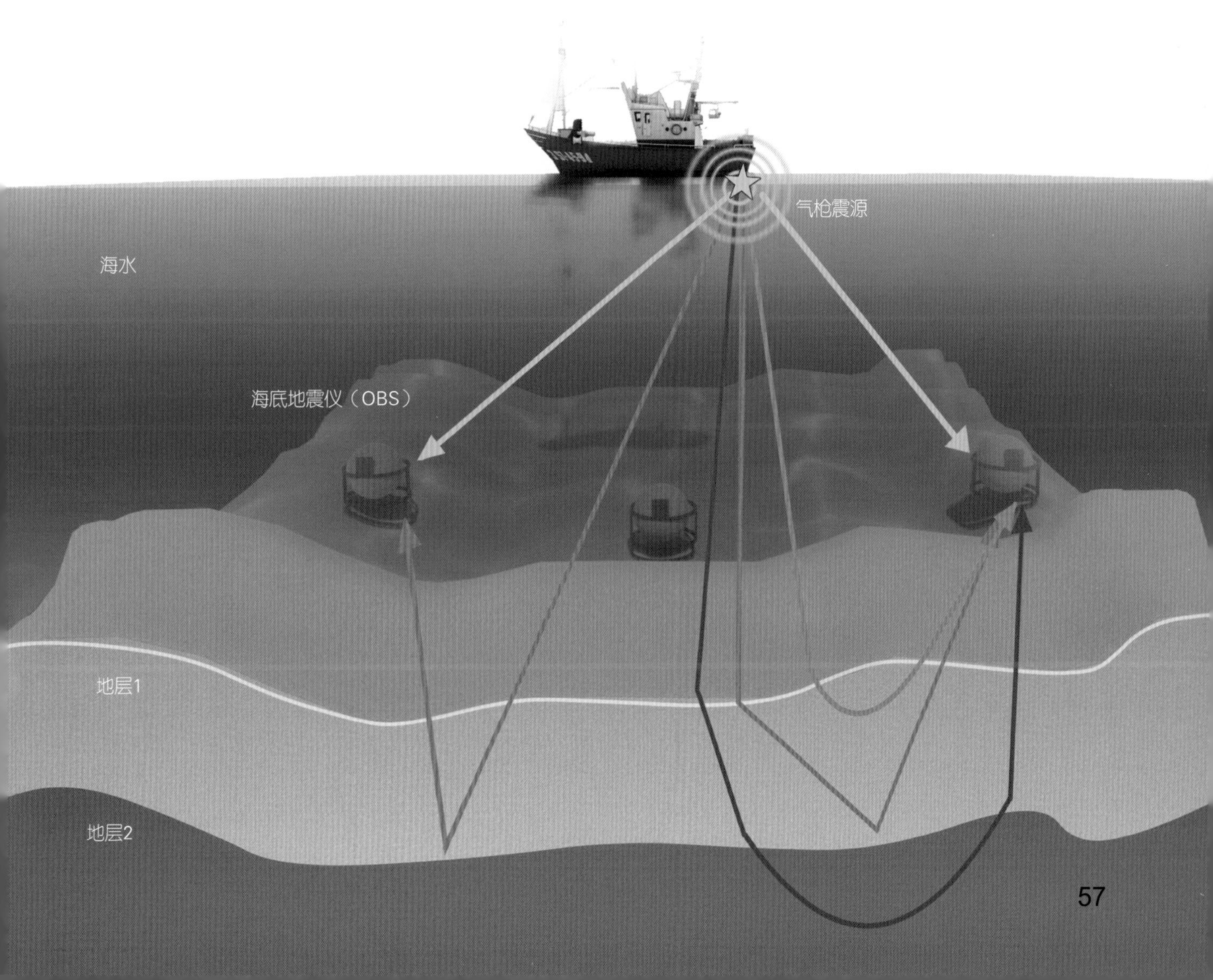

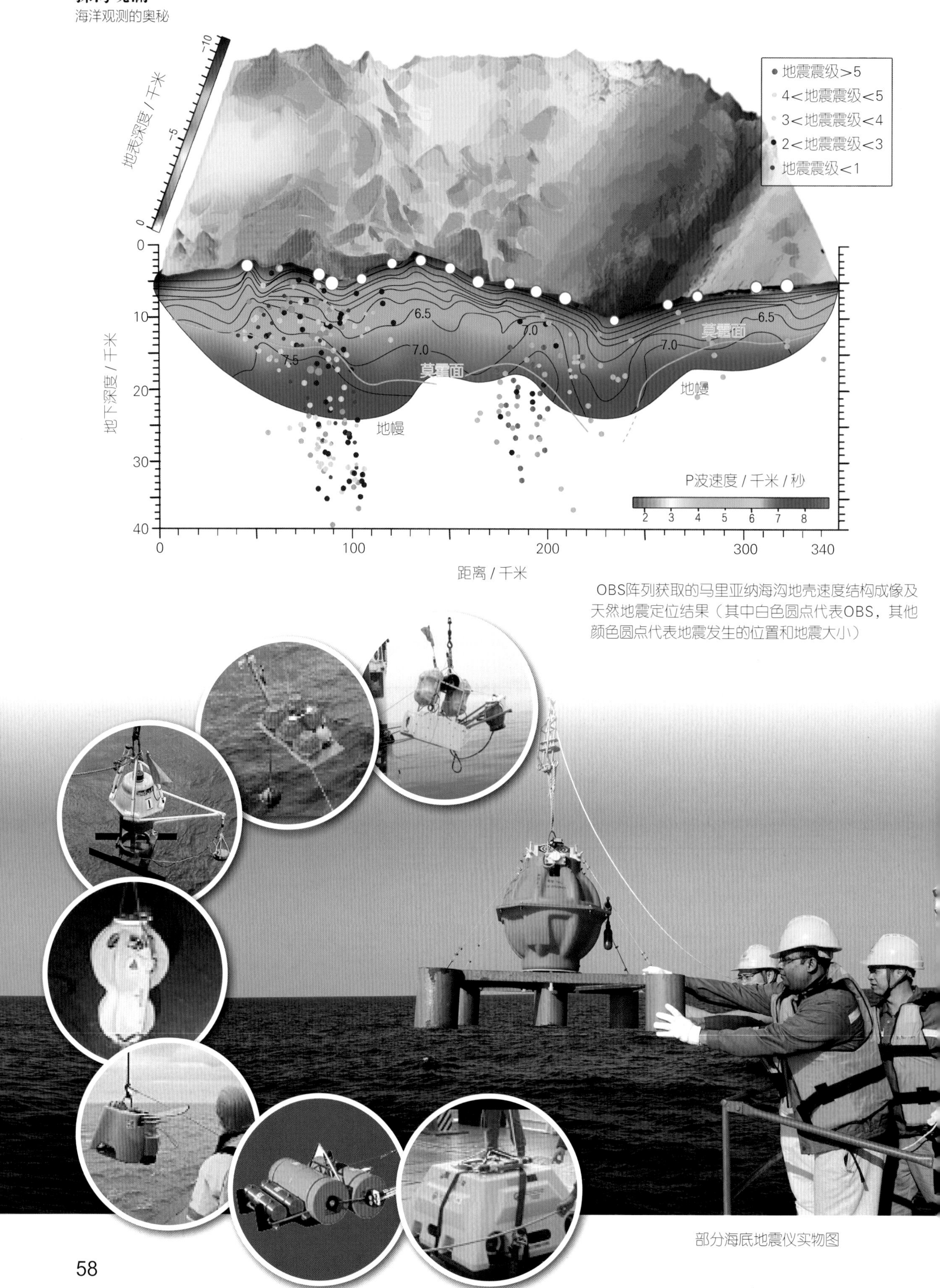

OBS阵列获取的马里亚纳海沟地壳速度结构成像及天然地震定位结果（其中白色圆点代表OBS，其他颜色圆点代表地震发生的位置和地震大小）

部分海底地震仪实物图

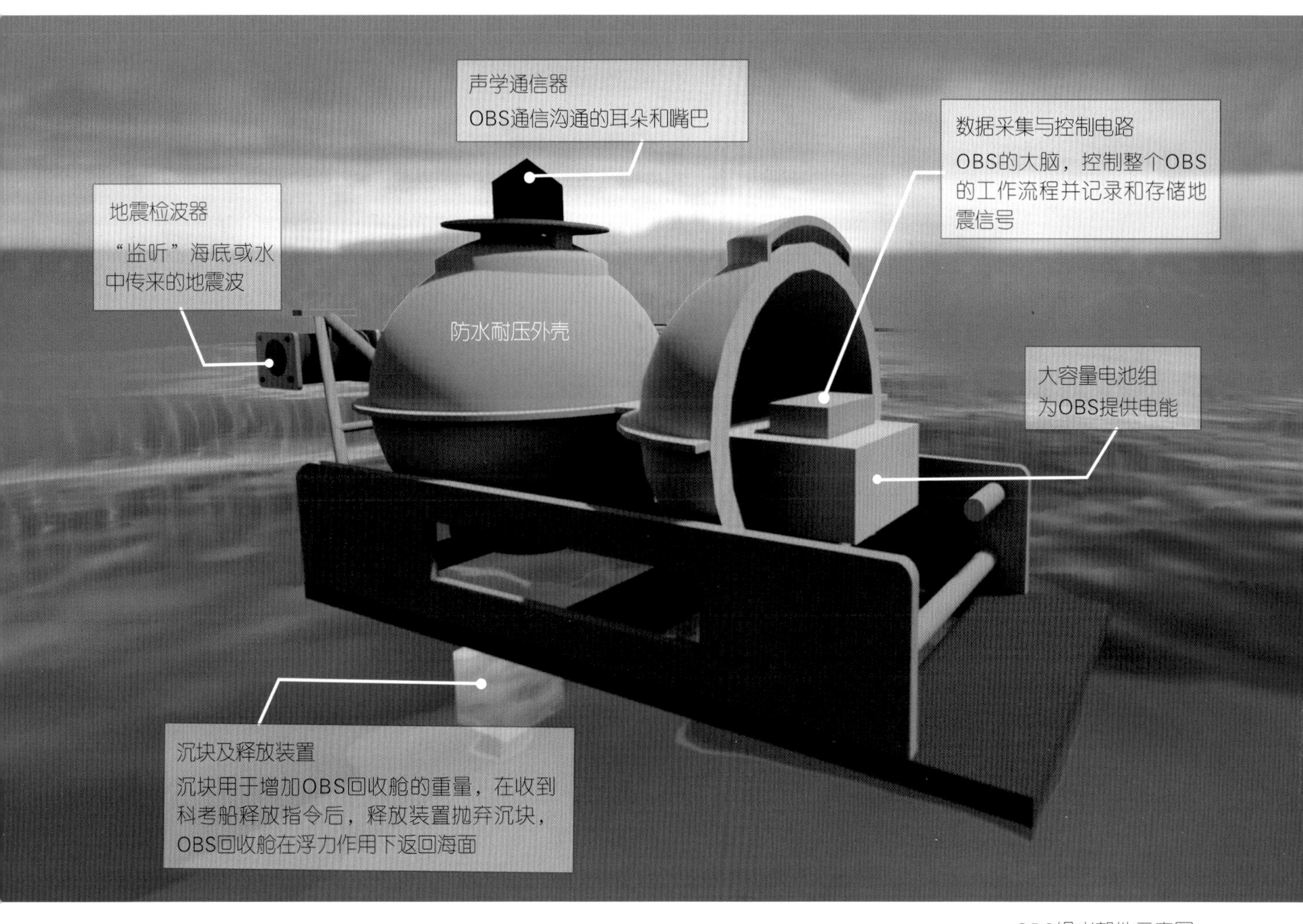

OBS组成部件示意图

目前世界范围内研制的OBS多达几十款，不同型号海底地震仪的形状和大小各异，但其组成部件基本相同。（曾信、张昌榕）

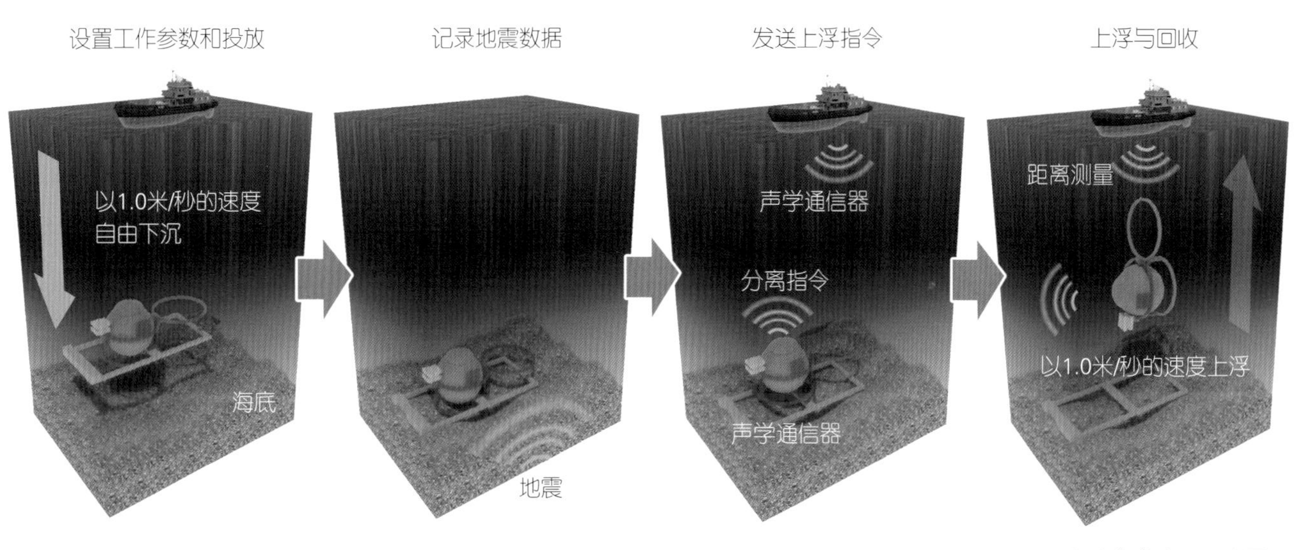

OBS海上作业流程示意图

沉积物捕获器

广袤无垠的海洋蕴藏着无数的奥秘，吸引着人们不懈地追寻和探索。深海生物如何维持生命？真光层的浮游生物向海底沉降的过程和机制是什么？海洋沉降颗粒的组成和来源有无差异？它们如何参与地球物质的循环？这些科学问题的解答，都涉及一个关键的问题，即需要广泛收集和深入研究海洋中自然沉降的颗粒物。

沉积物捕获器正是基于这种需求而产生的。沉积物捕获器是用来收集水体中自然沉降颗粒物的一种现场监测仪器。

现有的沉积物捕获器主要分为用于浅水区的表层链系式捕获器、自由漂流中性浮力式捕获器与用于深水区的锚定式时间序列捕获器等三类。

近年来，我国逐步在印度洋、太平洋等海域布放沉积物捕获器，开展长期的现代观测和研究。长时间的持续监测和积累，将有助于深入认识颗粒物质的来源、组成、时空变化及控制因素，可以较全面地了解以碳循环为核心的海洋生物地球化学过程如何控制着大气二氧化碳的变化，进而评价海洋在全球变化中所起的作用。这些研究也将使我国在全球变化研究中做出重要的国际贡献。（万随）

沉积物捕获器样品电子显微镜照。图中样品为1977年2月在大西洋马尾藻海5 367米深处采集的第一个深海沉积物捕获器样品，可观察到圆柱形的粪粒、浮游生物壳体（圆形白色物体）、透明似蜗牛的翼足类壳体、放射虫与硅藻等

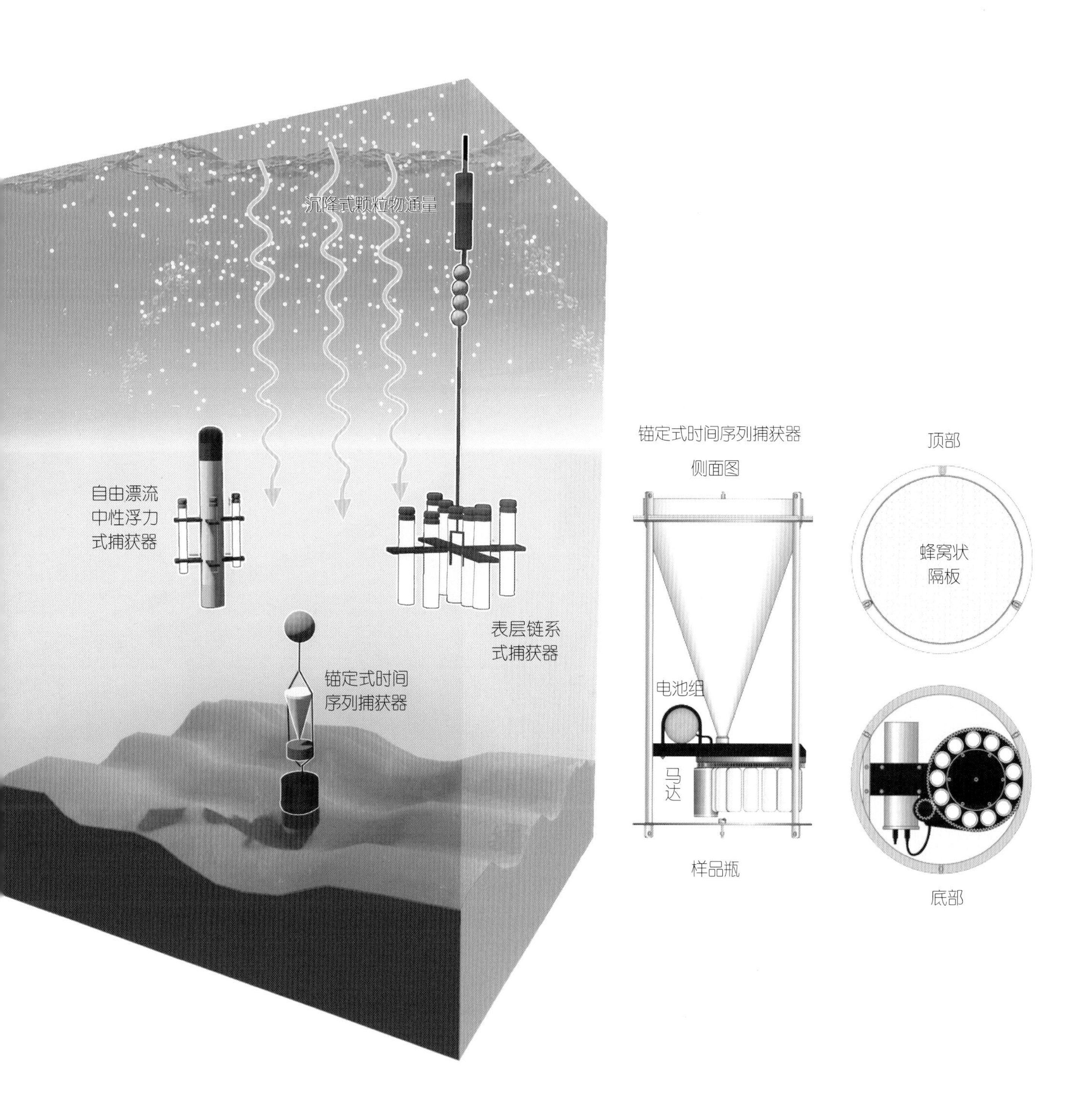

用于收集水体沉降颗粒物的三类主要沉积物捕获器（左），锚定式时间序列捕获器结构图（右）

海底平台

着陆器——深海原位实验室

着陆器作为生物、地质、物理海洋等学科潜放并固定在深海的原位实验室，在潜放平台上安装多学科的取样观测、分析的仪器设备，解决了船上取样后样品环境参数发生改变，影响分析研究精度，甚至提供错误的基础数据等问题。深海原位实验室提高了研究水平并取得了创新成果。（袁恒涌）

中国科学院深海科学与工程研究所与国内六家单位研发了一套基于“凤凰”号着陆器的深海原位生物实验室，包括自主研制的深海原位微生物原位核酸收集装置、深海原位紫外拉曼化合物探测装置、深海原位微生物计数和荧光检测设备、深海蓝绿激光生物三维成像装置、深海显微成像装置和各种商用环境传感器，以达到深海原位研究生物功能基因和生态观测的科学目标。

这些设备可以获得原位细胞裂解后收集的核酸，来量化深海生物基因序列的表达活性，还可以通过对细胞内容物分子的结构分析预测功能基因的作用过程，实现原位细胞代谢过程和目标功能基因的定量和定性检测。同时，该系统还可以获取原位环境参数，检测微生物密度和宏生物的种类、数目，从生物种群数量、基因表达及细胞代谢状态3个维度，长期实时分析某一深海区域生物的群落特征和生理状态，结合环境参数，揭示深海生物如何利用特有功能基因适应深海极端环境、获取营养物质和参与各种元素的地球化学循环等关键科学问题。

“凤凰”号原位生物实验室适用于深海原位生态系统的长期观测和短期昼夜变化规律的基础研究及生态调查。“凤凰”号实验室的采样和观测模式的推广也可能成为海洋新型装备产业化的范例。（王勇）

“凤凰”号深海原位生物实验室

A. 海试准备

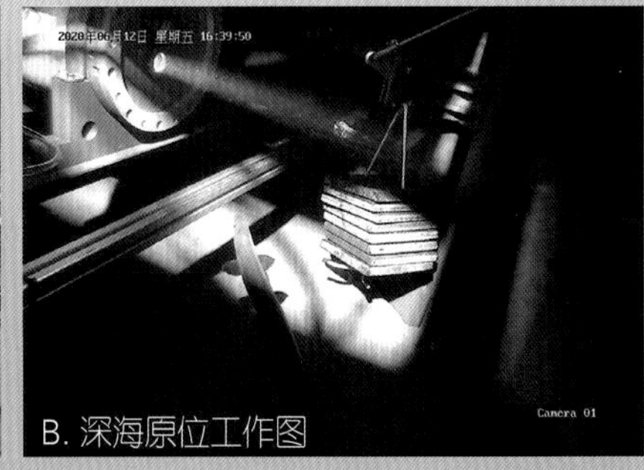

B. 深海原位工作图

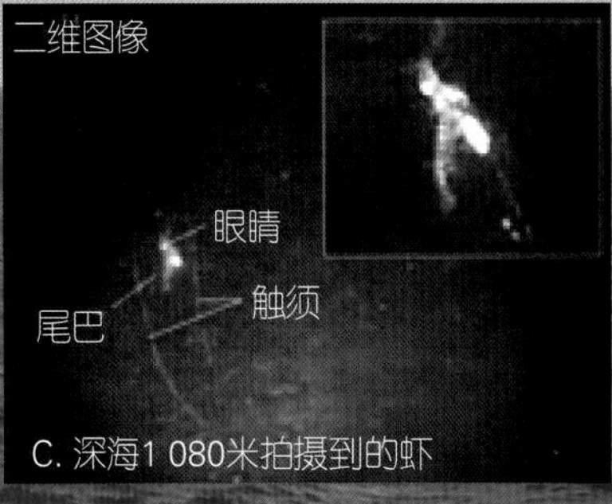

C. 深海1 080米拍摄到的虾

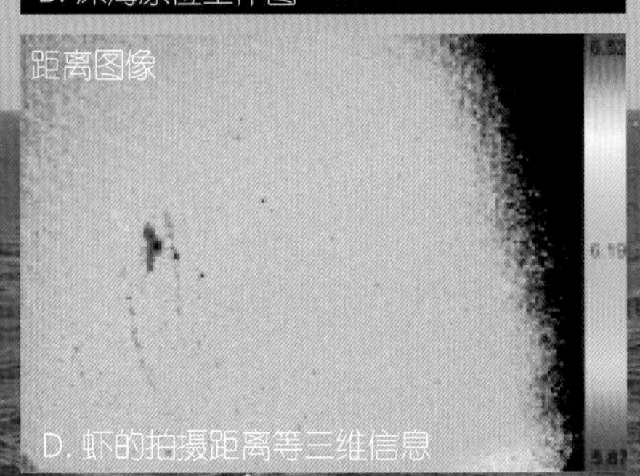

D. 虾的拍摄距离等三维信息

深海蓝绿激光生物三维成像仪

观测网络数据中心

经过多年在南海和印度洋的深耕，中国科学院南海海洋研究所（以下简称“南海所”）已建立相对完善的南海-印度洋的海洋环境在线观测网络，主要包括西沙群岛、斯里兰卡和南沙群岛三个子网络。所有观测节点数据均可通过4G、北斗、铱星等通信方式实时回传到南海所数据中心，数据中心负责对前端数据进行校验、解析、预处理、数据库存储和展示，同时用户可通过云端查看和访问授权的观测节点数据。

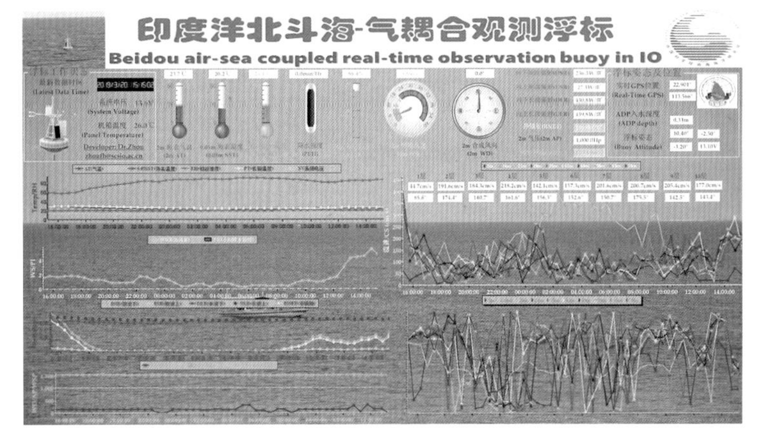

浮标数据中心软件

南海所2008年在西沙永兴岛成立了我国第一个深海海洋环境观测研究站，之后相继开展西沙群岛及其周边海区的海洋环境在线观测网络的建设与完善。截至目前，南海所共在西沙海区投放多参数海洋观测浮标4套，建立宣德群岛及永乐群岛多个岛屿的波潮观测站5个、永兴岛大气边界层海气通量观测塔1套（2013年建成）、永兴岛上空大气湍流结构观测系统1套、永兴岛自动观测气象站1套（2008—2015年）、西沙海槽潜标10余套，目前西沙海区周边仍有4个观测节点在正常运行。

2015年,在中国科学院“拓展工程”项目的资助下，中斯联合科教中心正式成立，依托南海所运行管理。该中心为中国科学院10个在运行的海外中心之一。目前，该中心围绕斯里兰卡南部及东部周边海区建立了完善的近岸水文气象在线观测网络。

此外，南海所为港珠澳大桥工程区提供了近7年的海流、波浪、潮位在线观测服务，同时也和南海分局、广东海事局、三亚气象局等单位合作，在粤西沿海、珠江口、三亚湾等地开展多年的在线观测研究，为多家海洋企事业单位提供了数据和决策支撑。（周峰华）

大国重器：
中国海洋观测利器

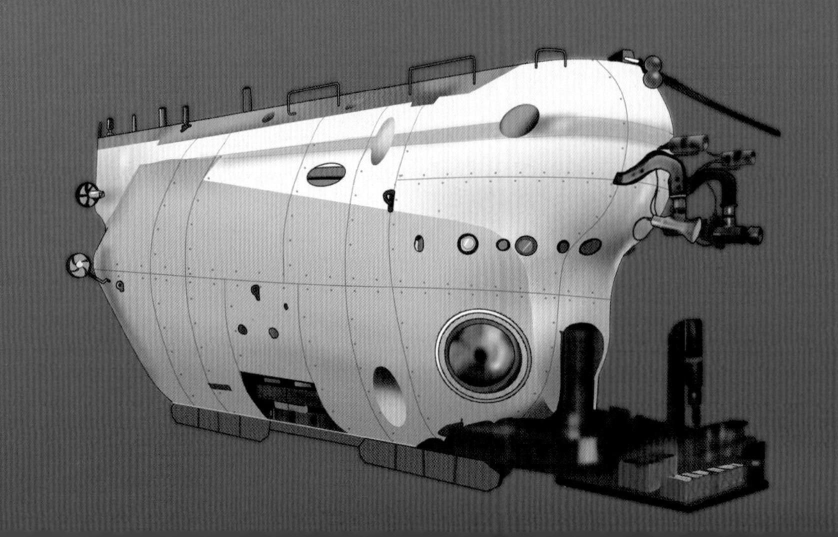

海洋卫星

中国海洋卫星

我国海洋遥感技术始于20世纪70年代，并制定了长远的自主海洋卫星发展规划。2002年5月15日，第一颗海洋一号A卫星（HY-1A）发射升空，填补了我国海洋卫星领域的空白，开启了“海洋一号”系列卫星发展的新纪元。

截至目前，我国已发射海洋水色系列卫星（即“海洋一号”系列卫星）、海洋动力环境系列卫星（含“海洋二号”系列卫星和中法海洋卫星）、海洋监视监测卫星（即“海洋三号”系列卫星）。

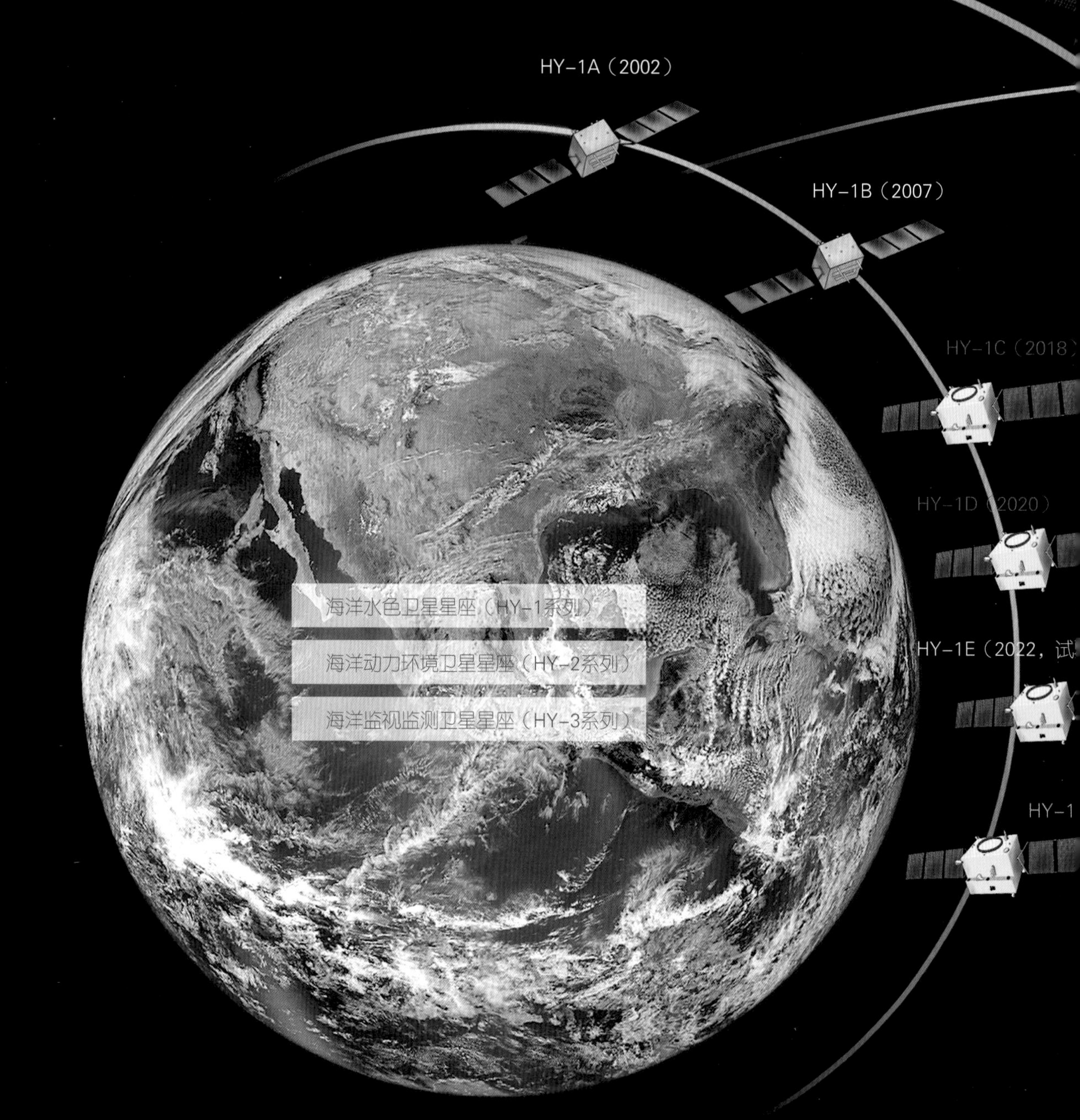

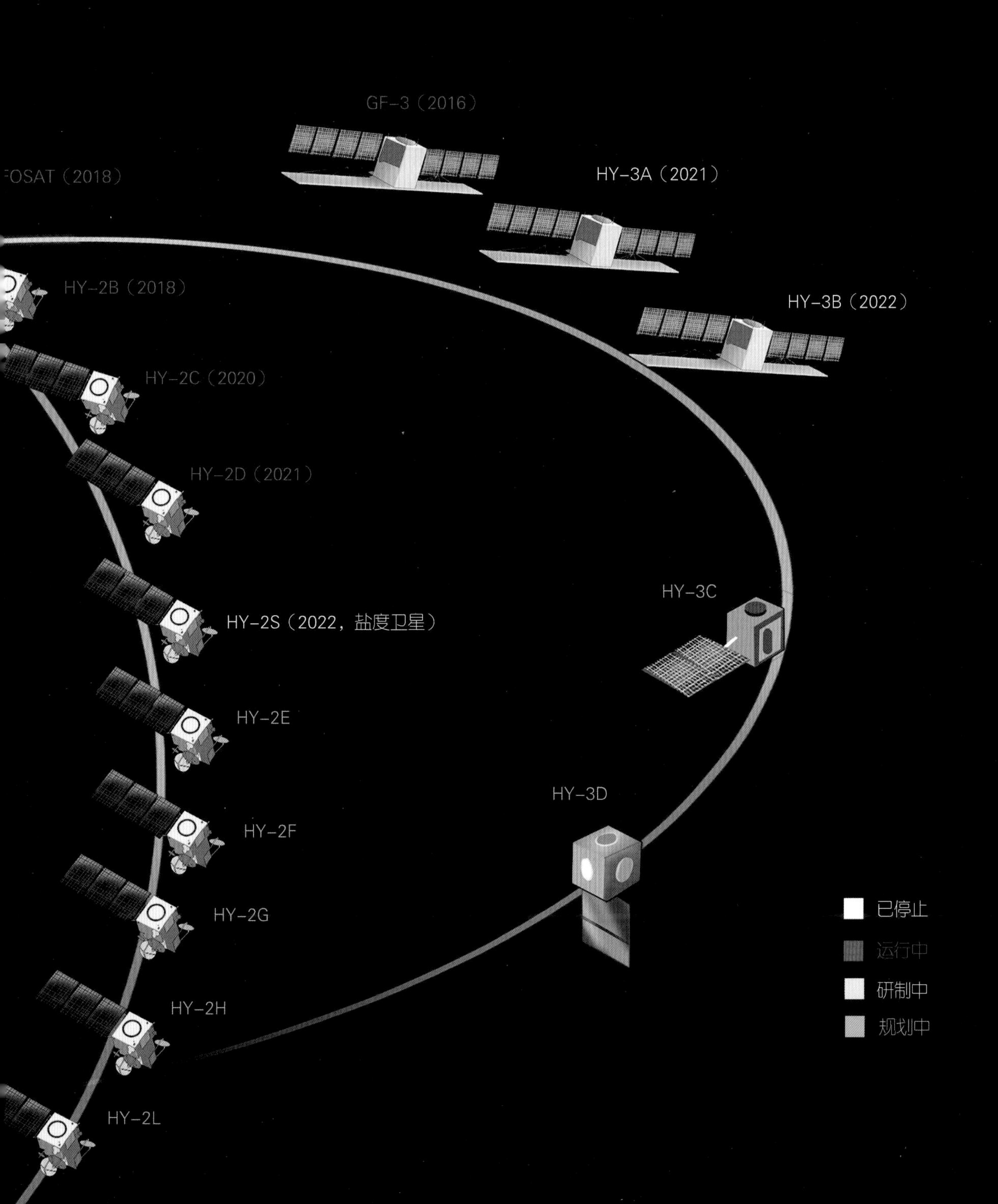
GF-3（2016）
FOSAT（2018）
HY-3A（2021）
HY-2B（2018）
HY-3B（2022）
HY-2C（2020）
HY-2D（2021）
HY-3C
HY-2S（2022，盐度卫星）
HY-2E
HY-3D
HY-2F
HY-2G
已停止
运行中
研制中
规划中
HY-2H
HY-2L

海洋水色系列卫星

海洋水色系列卫星是以可见光和红外成像观测为手段的海洋遥感卫星，主要为已发射的“海洋一号”系列卫星，即海洋一号A卫星（HY-1A）、海洋一号B卫星（HY-1B）、海洋一号C卫星（HY-1C）、海洋一号D卫星（HY-1D）。

HY-1A于2002年发射，搭载一台10波段的水色扫描仪和一台4波段的成像仪，主要任务是探测海洋水色环境要素（如叶绿素浓度、悬浮泥沙含量、可溶性有机物）、水温、污染物及浅海水深和水下地形。2007年发射的HY-1B为HY-1A的接替星，载荷及性能与HY-1A基本相同。

HY-1C于2018年9月7日成功发射，开启了中国自然资源卫星陆海统筹发展的新时代。HY-1C配置了海洋水色水温扫描仪、海岸带成像仪、紫外成像仪、星上定标光谱仪、船舶自动识别系统等5大载荷，与HY-1A和HY-1B相比，观测精度、观测范围均有大幅度提升。

HY-1D于2020年6月11日发射成功，其技术性能与HY-1C基本相同。海洋水色探测条件要求高，同时受到太阳耀斑、海上泡沫及云层阴影影响。HY-1D与HY-1C组成中国首个海洋民用业务卫星星座，拉开了中国海洋卫星组网的大幕。通过HY-1C与HY-1D上、下午组网观

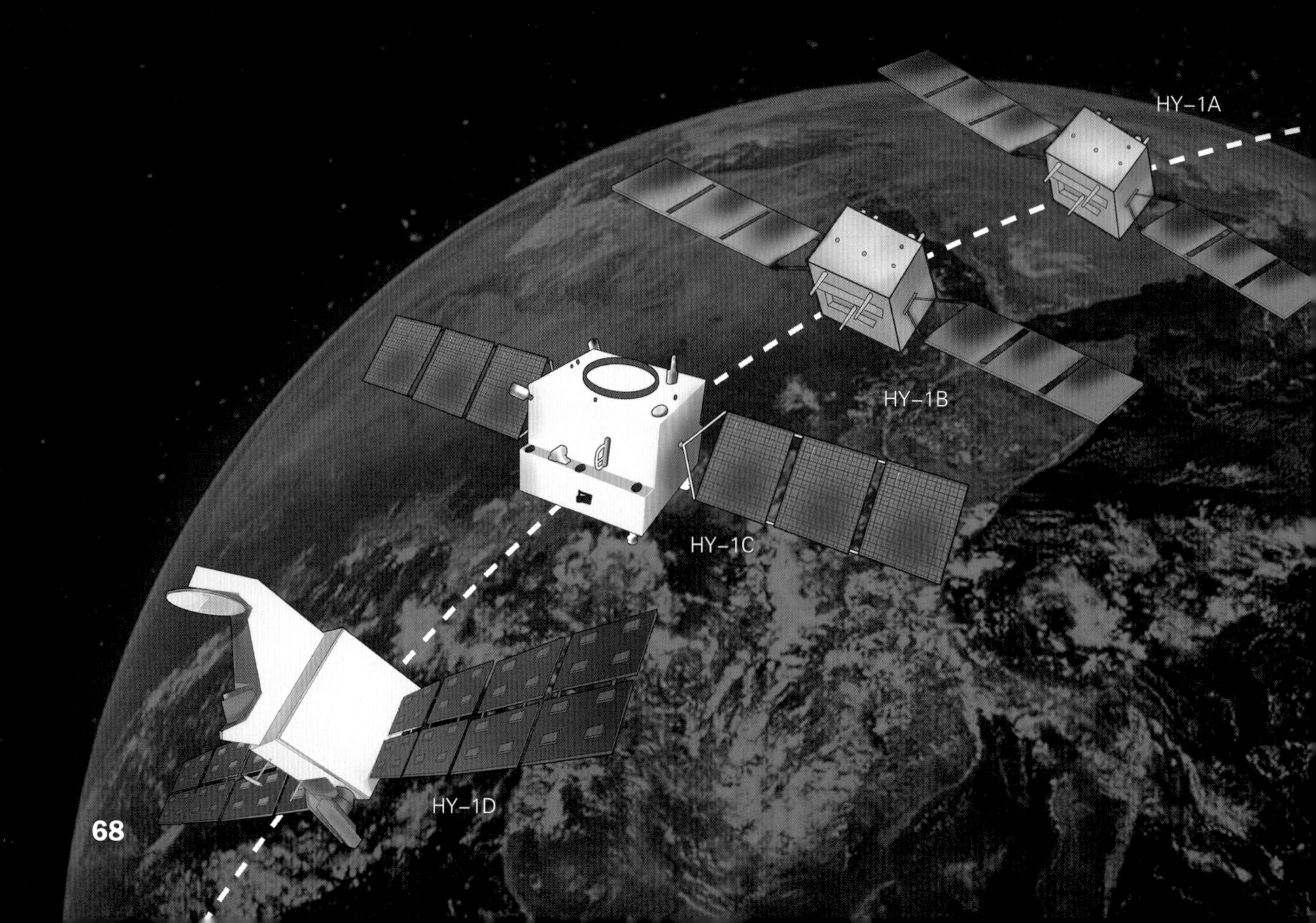

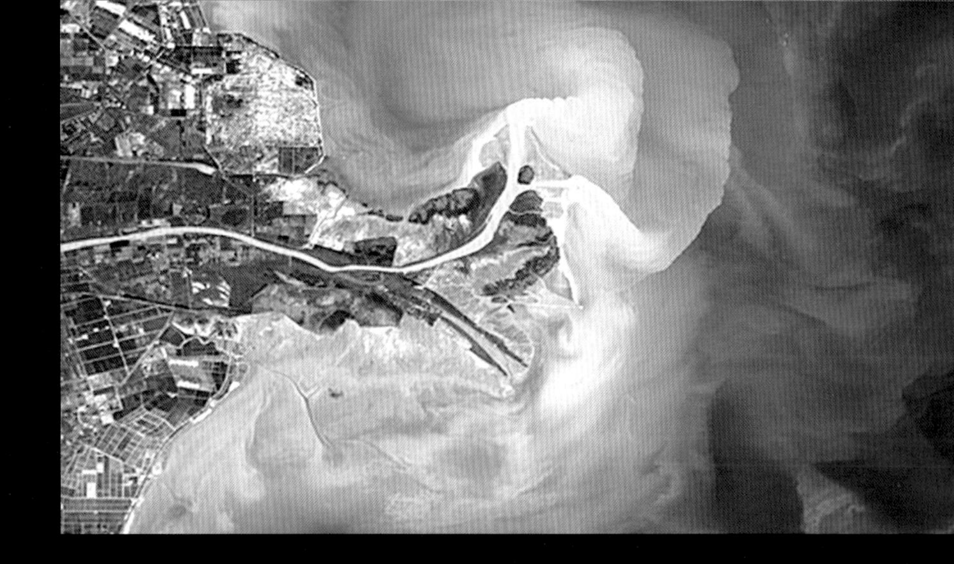

HY-1C卫星拍摄的黄河口影像

测，可使每天观测频次与获取的观测数据提高一倍：上午被太阳耀斑影响的海域，下午观测能够避免；上午被云层覆盖的观测海域和未被观测的区域，下午有机会得到弥补。此举可大幅度提高全球海洋水色、海岸带资源与生态环境的有效观测能力，并为气象、农业、水利、交通等行业应用提供支持，标志着中国跻身国际海洋水色遥感领域前列。

自2002年5月15日HY-1A发射升空以来，我国已在海洋卫星领域成功打造出以“海洋一号”命名的中国海洋水色观测卫星家族。“海洋一号”系列卫星已从试验应用转向业务服务，在自然灾害监测、资源调查、南北极考察、生态文明建设及海洋强国建设中发挥着重要作用。以HY-1C为例，这颗卫星在远洋渔业巴布亚新几内亚金枪鱼渔场海域、黄海和东海出现的浒苔、可可西里盐湖封冻结冰及海冰、赤潮、溢油、围填海等监测中做出了突出贡献。

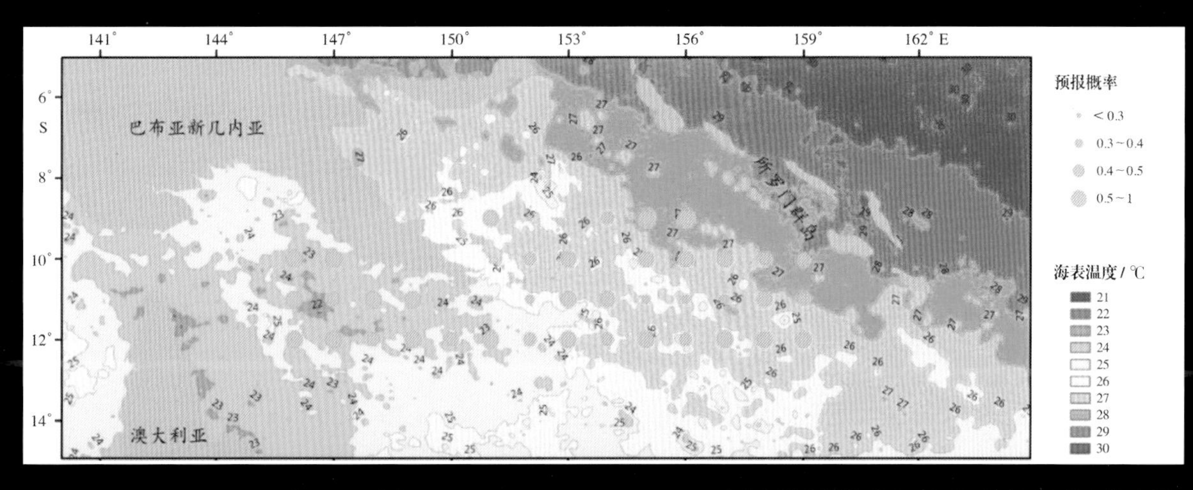

利用HY-1C、HY-2B、EOS/MODIS 等卫星数据制作的巴布亚新几内亚金枪鱼概率图

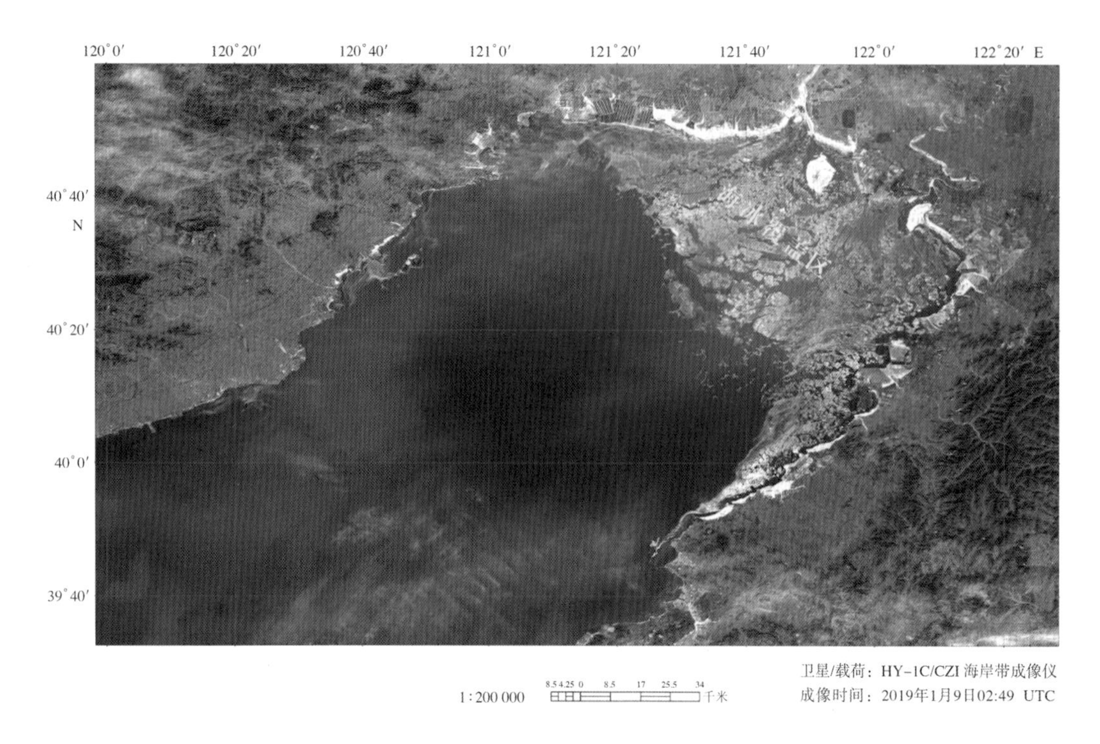

HY-1C卫星对渤海海冰的持续监测（图示为2019年1月9日）

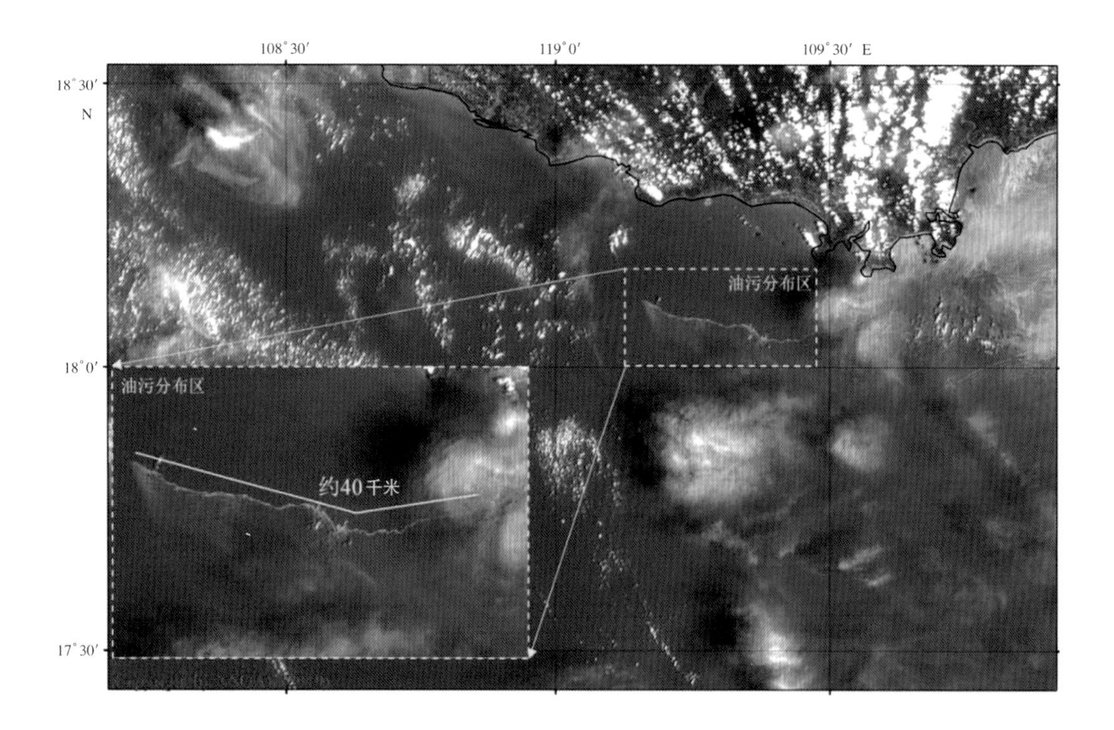

HY-1C卫星数据三亚溢油应急遥感监测图（对三亚附近船舶溢油的持续遥感监测，为海上溢油事件快速响应、应急处理和海洋生态环境保护与修复提供了辅助决策支持）

海洋动力环境系列卫星

海洋动力环境系列卫星包含“海洋二号”系列卫星和中法海洋卫星。“海洋二号”系列载荷包括微波散射计、雷达高度计和微波辐射计等，集主、被动微波遥感器于一体，具有高精度测轨、定轨能力与全天时、全天候、全球探测能力，获得包括中国近海和全球范围的海面风场、海面高度、海浪波高、海洋重力场、海流、海面温度等海洋动力环境信息，极大地提升了我国海洋监管、海权维护和海洋科研的能力。

中法海洋卫星（CFOSAT）于2018年10月29日在中国酒泉卫星发射中心用长征二号丙运载火箭成功发射。作为中法两国合作研制的首颗卫星，CFOSAT在国际上首次实现海洋表面风浪的大面积、高精度同步联合观测。CFOSAT获取全球海面波浪谱、海面风场、南北极海冰信息，促进理解海-气相互作用，预测洋面风浪，监测海洋状况，同时还能在大气-海洋界面建模、海浪在大气-海洋界面作用的分析、海冰和极地研究、气候变化等方面发挥作用。CFOSAT将增强中国和法国的海洋遥感观测能力，为双方应用研究合作和全球气候变化研究奠定基础，意义重大，影响深远。

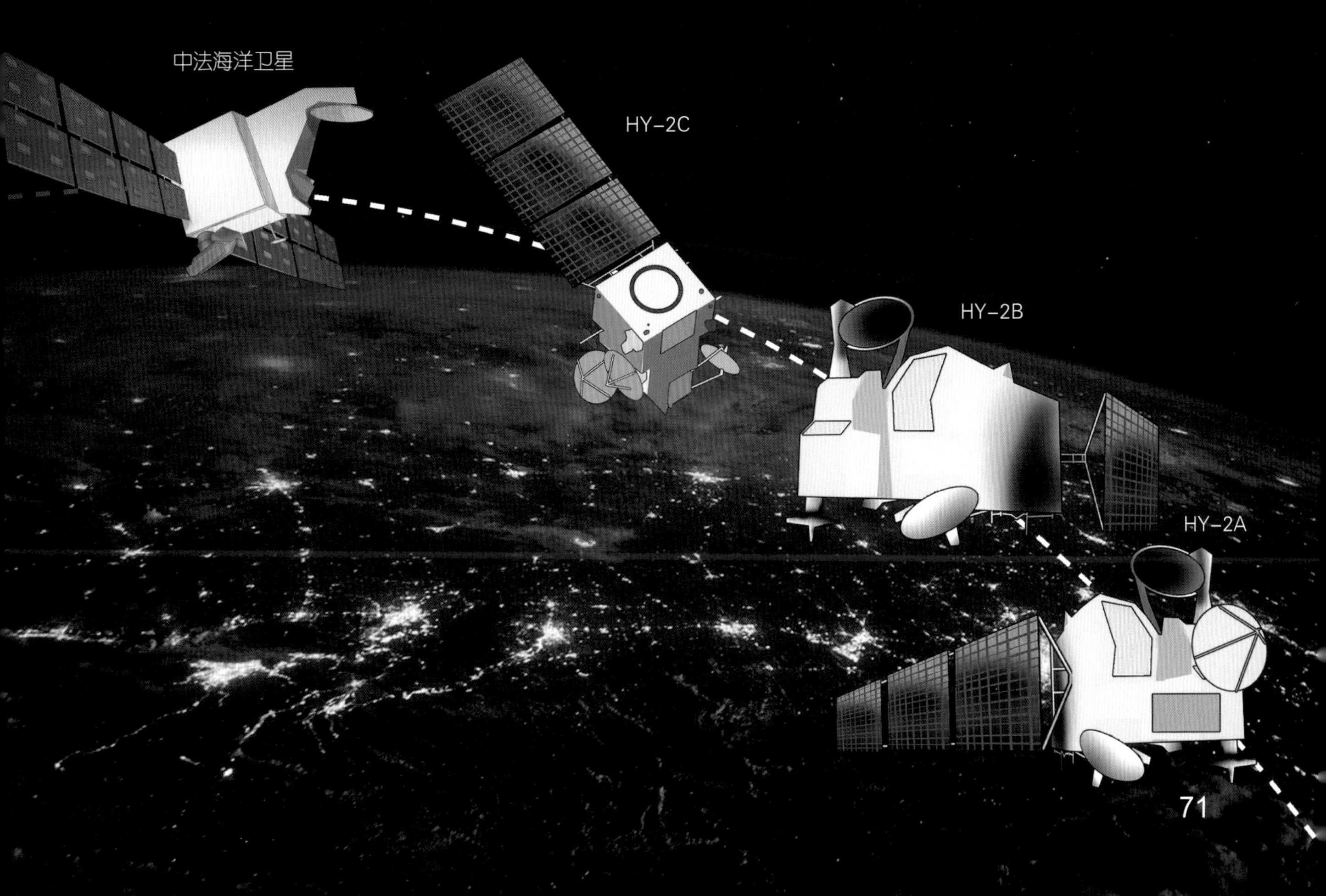

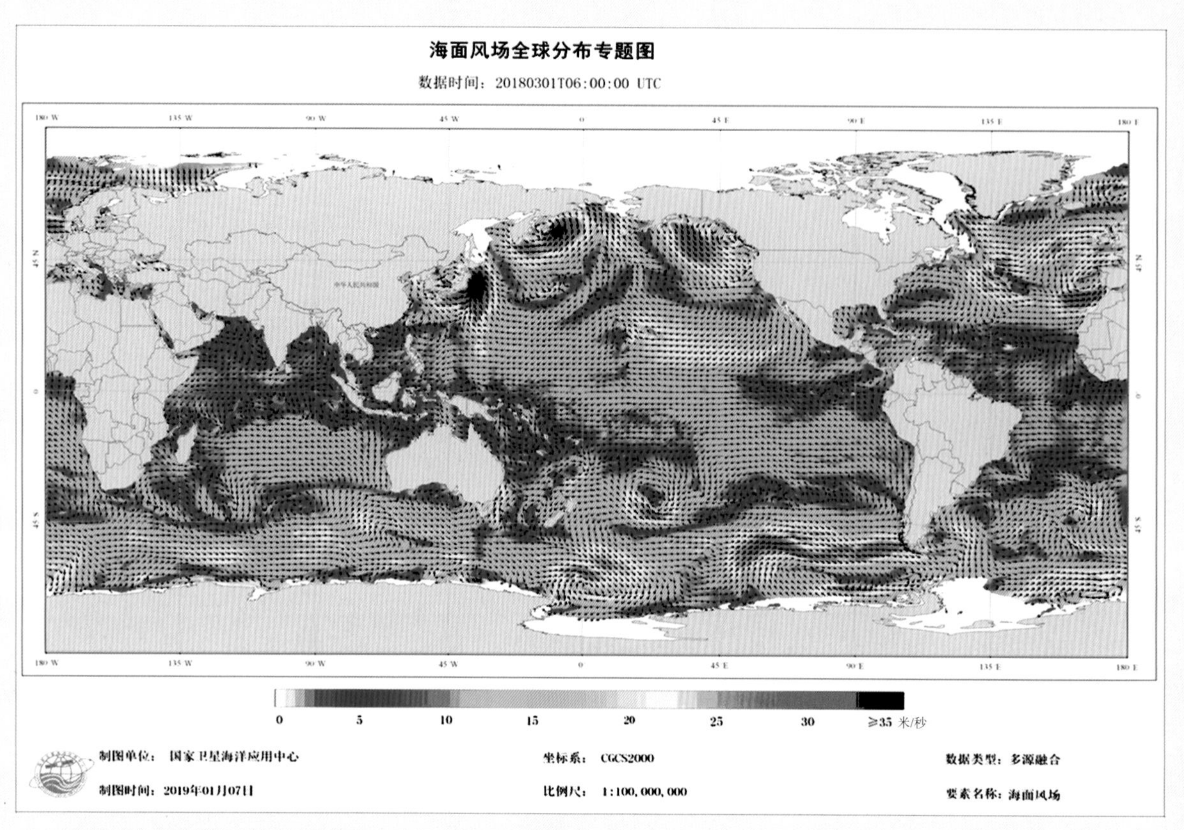

HY-2B搭载的微波辐射计观测到的2018年3月1日全球海面风场分布（数据来源：国家卫星海洋应用中心发布的HY-2B融合数据。图中可以看到日本东部及太平洋北部有台风形成）

HY-2A自2011年8月成功发射以来，获取了大量全球海洋动力环境遥感数据，并向全国海洋、气象、防灾、减灾、农业和科学研究等领域的数十家用户分发了数据产品，同时还向欧洲等国提供了产品服务，实现了业务化运行。

HY-2B于2018年10月发射，是我国第二颗海洋动力环境卫星，也是我国民用空间基础设施规划的海洋业务卫星。HY-2B增加了校正辐射计、数据收集系统和船舶自动识别系统等载荷，具有高精度测轨、定轨能力与全天

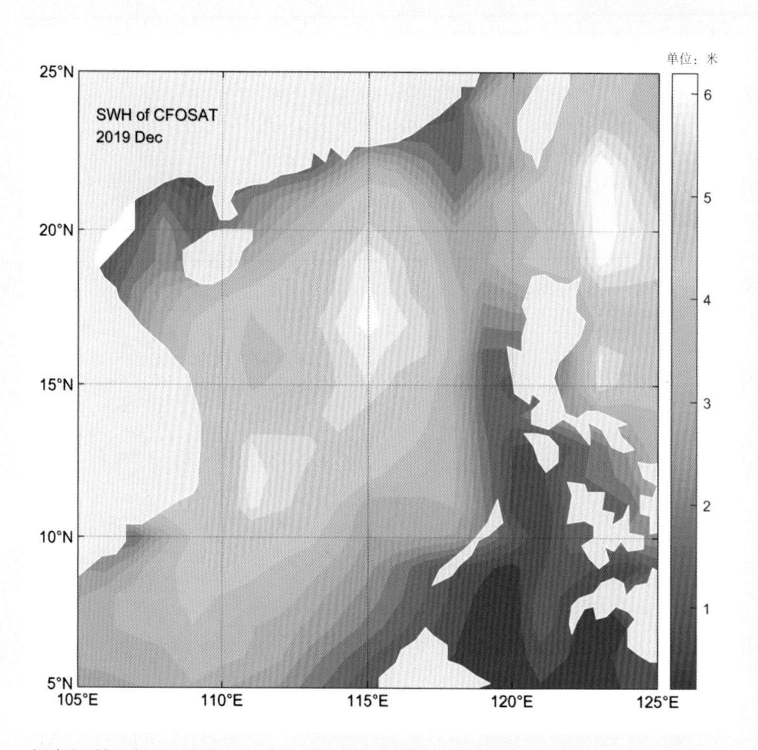

中法海洋卫星观测的2019年12月南海海浪有效波高

候、全天时、全球海洋探测能力。

HY-2C是运行在倾斜轨道（非太阳同步轨道）的海洋动力环境卫星，于2020年9月发射升空，有效载荷包括雷达高度计、微波散射计、校正微波辐射计、卫星多普勒定轨定位系统（DORIS）、双频GPS、数据收集系统和船舶自动识别系统等，可提供海面风场、高度，以及海面高度异常和有效波高数据，在轨寿命增至5年。HY-2D于2021年5月发射成功，其技术性能与HY-2C相同。

HY-2B、HY-2C和HY-2D形成1颗极轨两颗倾斜轨道组网运行，组成了我国首个海洋动力环境卫星星座，共同构成我国海洋动力环境监测网。

海洋监视监测系列卫星

海洋监视监测系列卫星含“海洋三号”系列卫星，继承了目前在轨运行的高分三号（GF-3）卫星的技术基础，主要载荷为多极化、多模式合成孔径雷达（SAR）。其通过主动向海面发射微波波束，再接收来自海面的后向散射回波获取海面信息；通过左右姿态机动提升快速响应能力，扩大对地观测范围；通过合成孔径技术与脉冲压缩技术，实现对海洋和陆地表面高分辨率（1米）二维图像的获取。

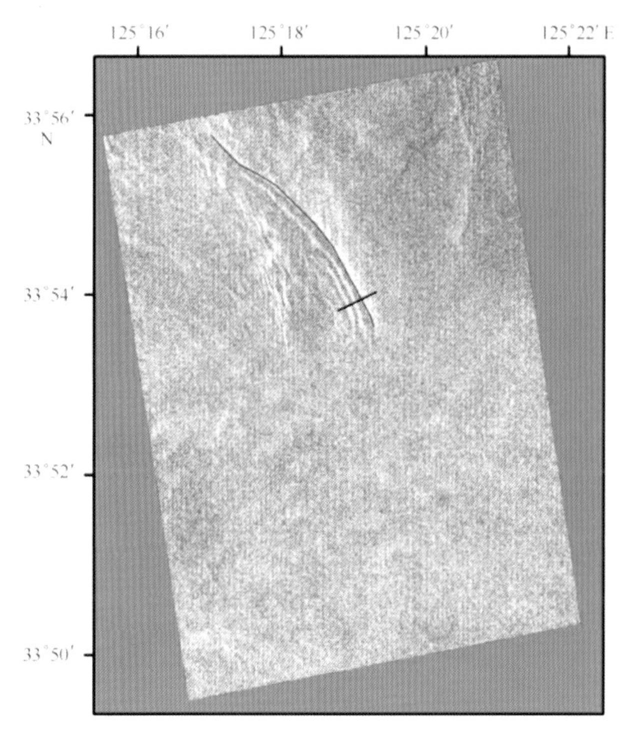

高分三号SAR监测的海洋内波

高分三号卫星于2016年8月10日发射升空，搭载的SAR具有12种成像模式，既可探地，又可观海，达到“一星多用”的效果。卫星的分辨率达到1米，能看清地面上的小轿车、海上行驶的船只、海洋的内波。高分三号的空间分辨率从1米到500米，幅宽从10千米到650千米，无论白天或黑夜、晴空万里或雷雨多云，都可以随时对地成像。这种特点尤其适合于防灾、减灾。

“海洋三号”系列卫星通过多颗卫星同轨分布运行，可全天时、全天候监视海岛、海岸带、海上目标，并获取海洋波浪场、风场、风暴潮漫滩、内波、海冰、溢油等信息，满足海洋目标监测、陆地资源监测等多种需求。（储小青）

海洋小知识

在海洋灾害中，海洋卫星发挥着哪些重要作用

近年来，我国海洋卫星在台风、海冰、溢油、蓝藻、赤潮、绿潮等海洋灾害监测方面发挥了巨大的作用。

西北太平洋海域台风监测是国家卫星海洋应用中心的主要职责之一。目前该中心利用海洋二号A/B卫星、中法海洋卫星及欧洲航天局Metop-A/B卫星上的微波散射计数据形成了全球海面风场融合产品，同时开发了海洋卫星遥感实况小程序，打通了遥感数据产品服务公众的“最后一公里”。大众可通过手机直接查看全球近5天内台风、气旋的分布、位置及变化。

海洋中的溢油能被微波雷达、光学遥感、热红外、紫外等不同遥感器探测到。在2018年发生的“桑吉”轮碰撞燃爆事故中，科研人员利用高分三号卫星SAR图像进行了连续监测，得到溢油分布及漂移扩散实况。

我国利用海洋一号C卫星海岸带成像仪监测到太湖、巢湖、洱海蓝藻频发，以及辽东湾、惠州沿海、天津滨海新区、深圳海域的多次赤潮，并及时提供给了有关部门，为地方政府的蓝藻、赤潮综合治理提供了依据。

2008年，青岛奥帆赛前，青岛海域出现大面积浒苔。当时动用了包括海洋一号B卫星在内的17颗卫星进行了长达3个月的监测，为浒苔打捞与防控提供了有序、有力的技术支撑。

2018年，针对金沙江“11·03”山体滑坡堰塞湖应急事件，国家卫星海洋应用中心利用当时刚刚发射的海洋一号C卫星的海岸带成像仪（CZI）数据开展连续应急监测。2018年11月1日—23日，共获取堰塞湖区域数据20余景，制作遥感监测影像图10期。数据及时提供给应急管理部国家减灾中心，为前线联合指挥提供了客观准确的决策辅助。

两极冰川的变化已成为全球海平面升降的最重要因素之一。松岛冰川是南极最大、移动速度最快的冰川，是西南极冰层内部发生任何大变动的一个指示器。多国科学家都在关注，并采用现场、航空、卫星等多手段进行了多年观测与测量。我国科研人员通过海洋一号C卫星上的海洋水色扫描仪与海岸带成像仪对南极进行观测，调试设置合理的工作模式，安排探测计划，获得数据后，经一系列的处理分析，发现松岛冰川靠海洋的一端有一条冰缝隙正逐渐加大，并已分离出巨大的冰山，验证了所设计的冰雪探测模式有效可用。我国现已积累了南极、北极及我国山岳冰川的大量遥感数据，应用潜力很大。

科考船——海洋上的“移动实验室”

科学考察船（简称“科考船”）是海洋科学考察最主要的载体之一。根据科考船的主要功能定位不同，大致可以分为以下几类：第一类是综合科考船，以中国科学院海洋研究所“科学”号、自然资源部第二海洋研究所“大洋号”及自然资源部海洋局系统“向阳红”系列科考船等为代表；第二类是地球物理科考船，以中国科学院南海海洋研究所“实验6”号新型地球物理综合科考船、“海大号”地球物理调查船及自然资源部地质调查局“海洋”系列和“实践”系列科考船等为代表；第三类为极地调查船，以自然资源部“雪龙2”号极地破冰船为代表；第四类为载人潜水器支持保障母船，主要以自然资源部“深海一号”（代替“向阳红09”号）和中国科学院深海科学与工程研究所“探索二号”为代表；第五类为教学实习船，主要以中国海洋大学“东方红3”号和中山大学的“中山大学”号为代表。（陈举）

“科学”号科考船

“科学”号海洋科考船具有全球航行能力及全天候观测能力，是中国国内综合性能最先进的科考船。船舶总长99.8米，型宽17.8米，型深8.9米，总吨位4 711吨，续航力15 000海里，定员80人；采用吊舱式电力推进系统，配置2台艏侧推，360度环视驾驶台，无人机舱，DP-1动力定位，一人驾驶桥楼。“科学”号能在海上自给自足航行60天。船上配有先进的可控被动式减摇水舱系统，能够抵御12级大风；其配置的升降鳍板、侧推加盖及翻转机等设备，均为中国国内首创。

“科学”号海洋科考船采用模块化设计，配备了海洋大气、水体、海底、深海极端环境和遥感信息现场验证等五大船载探测系统。作为海洋科学综合考察船，“科学”号搭载了“十八般兵器”，包括：无人缆控潜水器、深海拖曳探测系统、重力活塞取样器、电视抓斗、岩石钻机和万米温盐深仪等先进的深海探测和取样设备。

“科学”号海洋科考船结构和功能示意图

“科学”号的科学考察目标包括：大洋环流系统与气候变化，海洋动力过程与灾害，深海生物、基因资源及生物多样性，大洋生态系统与碳循环，洋中脊与大陆边缘热液系统及地球深部过程，深海海底油气资源形成机理等。

直升机

海气通量

“实验6”号科考船

2020年7月18日“实验6”号科考船正式下水

“实验6”号新型地球物理综合科考船是国家发改委2018年立项的中国科学院“十三五”科教基础设施建设项目，由中国科学院南海海洋研究所承担。设计总吨位3 990吨，总长90.6米，型宽17.0米，型深8.0米，经济航速13.5节，最大速度17节，续航力为12 000海里，定员60人，自持力60天。该船2018年11月开工建造，2020年7月18日下水，2021年投入使用。

该船是一艘采用国际最先进设计理念且科考能力突出的特种用途船舶，探测手段达到国际先进水平。该船具备全球航行和全天候观测能力，既突出地球物理专业调查功能，又能满足物理海洋、海-气相互作用、海洋化学、海洋生物与生态等多学科综合考察需求；既能开展近海浅水区、大陆架、岛礁区的科学考察活动，又能在深海大洋极端环境进行全海深的探测和取样；配置学科齐全的现代化船载实验室，能现场进行多学科样品处理与分析，并实现与陆基实验室同步数据传输。

该船船载探测与实验系统主要包括大气探测、水体探测、海底探测、深海极端环境探测、遥感信息现场印证、多功能实验室及网络信息等系统，可进行定点和走航式海洋环境参数连续探测、海面常规气象连续探测、海-气界面通量探测、海底地形地貌探测、底质采样、地球物理探测、缆控深潜探测与可视取样，并实现考察数据系统集成、现场印证及与陆基实验室的数据传输与处理，以满足大气、海面、水体、海底及深海极端环境等基础科学考察的需求。

船载科考支撑系统主要包括：地质绞车、光电缆绞车、CTD绞车、生物绞车、艉部A架、舷侧A架、CTD作业伸缩臂、柱状地质取样翻转机构、船尾伸缩折臂吊、舯部伸缩起重吊、升降鳍板及液压单元等。

全船实验室面积约320米^2，主要设置有大气实验室、船尾操控室、样品冷藏室、样品冷冻室、洁净实验室、专用水处理实验室、化学实验室、电气维修间、综合仪器室、网络中心、重力仪室、温控实验室、通用湿性实验室、CTD采水室、地球物理实验室、通用干性实验室、声学设备间、移动实验室（集装箱）等。

全船作业甲板面积约500米^2，分露天作业甲板和遮蔽作业甲板，能进行多专业科研调查作业，根据主要设备的工作性质相互配套，分别设于船的前部、后部及右舷。作业甲板区畅通无碍，均布设地脚螺栓（点阵格栅密度为1 200毫米×1 200毫米）和标准集装箱箱脚；同时设有夜间照明强光设备，利于安装大型及重型、临时性的设备。（陈举）

“实验6”号主要科考功能示意图

“探索二号”科考船

“探索二号”科考船

“探索二号”船是全数配备国产化科考作业设备的载人潜水器支持保障母船，在福建马尾船厂完成历时18个月的适应性增装建造，于2020年6月交付使用。

“探索二号”船总长87.2米，型宽18.8米，型深7.4米，最高航速14.2节，满载排水量6 830吨，配置两台全回转舵桨和两台艏侧推；采用国际先进的全电力推进系统和定位系统，续航力大于15 000海里，自持力不低于75天，可同时搭载60名科考队员开展海试任务。

“探索二号”船上配备的全国产科考作业水面支持系统包括：100吨门架式载人潜水器布放回收系统、液压折臂吊、CTD吊、全海深地质绞车、万米CTD绞车、6 000米光电缆绞车。这意味着我国在100吨门架式载人潜水器布放回收系统、万米级深海科考绞车和大型折臂伸缩吊等高端科考设备上的研制能力打破了国外厂商的技术垄断，在全海深科考作业装备能力上又进一步，攻克了只有少数国家掌握的核心技术。这体现了我国近年来在关键装备国产化发展道路上的重要进展，也将提升我国核心科考设备的整体装备水平，对我国海洋科学考察和海洋战略安全都具有积极促进作用。（叶承）

“雪龙”号和“雪龙2”号极地科考破冰船

雪龙号极地考察船简称“雪龙”号（英文名：Xue Long），中国第三代极地破冰船和科考船。它是由乌克兰赫尔松船厂在1993年完成建造的一艘维他斯·白令级破冰船，中国于1993年从乌克兰进口后按照科考需求改造而成。2007年，“雪龙”号通过“中国极地考察‘十五’能力建设项目”，极大地提高了运输保障能力和海洋科学考察能力。目前“雪龙”号拥有先进的通信导航设备、自动化控制系统和大洋科考调查设备，拥有宽阔舒适的生活学习空间和功能齐全的实验室、样品存贮室。

“雪龙”号船长167米，船宽22.6米，型深13.5米，吃水9米，满载排水量21 025吨，载货10 225吨，可载2架直升机和20只标准集装箱、散货、油料等，破冰能力为B1级，能以1.5节航速连续冲破1.1米厚的冰层（含0.2米厚的雪）。全船共7层，可乘载156人（40名船员，116名科考队员），动力系统包括1台13 200千瓦的主机和3台880千瓦的副机，最大航速17.9节，续航力21 000海里。

“雪龙”号在“中国极地考察‘十五’能力建设项目”中，对实验室建设、实验分析仪器、大洋调查设备进行了全面的提

“雪龙”号与南极帝企鹅

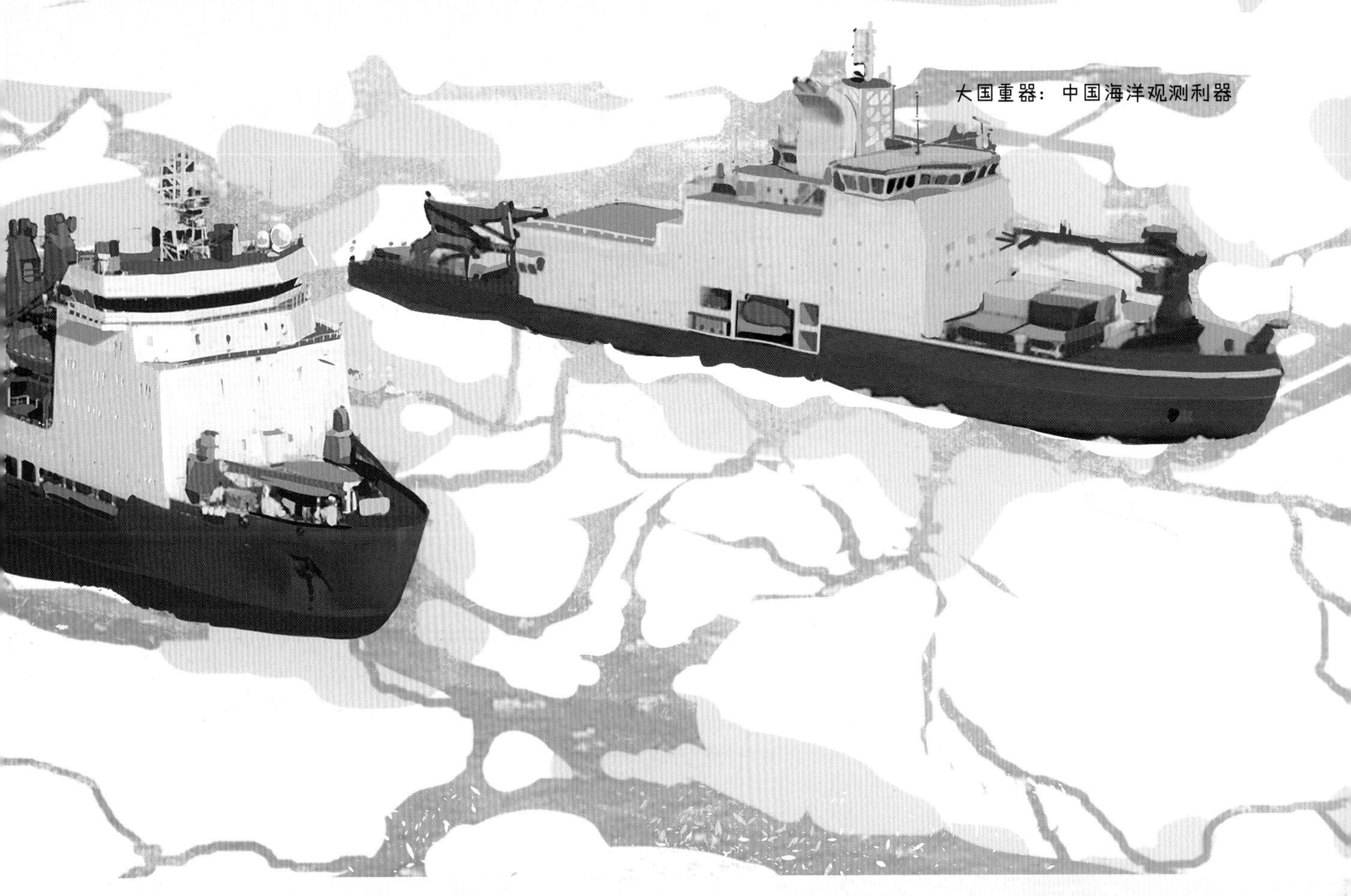

“雪龙”号和“雪龙2”号“双龙探极”

升，使其成为拥有多学科综合分析研究实验室和先进的大洋调查设备且能够完成现场采样、分析、实验的综合性大洋科学调查考察船。

全船拥有海洋物理实验室、海洋化学实验室、尾部地质实验室、海洋生物实验室和大气实验室，船尾科考设备包括8 000米地质绞车、3 000米拖网绞车、船尾A架及伸缩折臂吊、拖曳式海洋学剖面记录仪，舯部设备包括CTD绞车及配套A架、水文生物绞车、海洋水文走航观测系统（气象、温盐、海流、二氧化碳）、万米测深仪、高精度定位（DGPS）系统、样品冷库和低温实验室、无菌操作室等。

“雪龙2”号极地考察船是我国第一艘自主建造的极地科学考察破冰船。船长122.5米，型宽22.32米，吃水7.85米，排水量13 996吨，总装机功率23.2兆瓦，船上可搭载科考人员和船员共90人，全球无限航区航行，续航力为20 000海里，自持力在额定人员编制的情况下可达60天。

全船采用了两台7.5兆瓦破冰型吊舱推进器，是全球第一艘采用船艏和船艉双向破冰技术的极地科考破冰船。

全船还采取了防寒保暖设计，并配备先进的减摇水舱系统。舱室采用人性化设计，配备了远程医疗诊断系统。此外，在生活区设有阅览室、健身房等娱乐设施，极大地丰富了考察队员的业余生活。

自1984年首次南极考察至今，我国已成功组织了37次南极考察和11次北极考察；自1993年起，“雪龙”号开始执行我国极地科学考察航次。2019年我国第36次南极考察首次实现“雪龙”号和“雪龙2”号的“双龙探极”壮举。（杨威）

潜水器

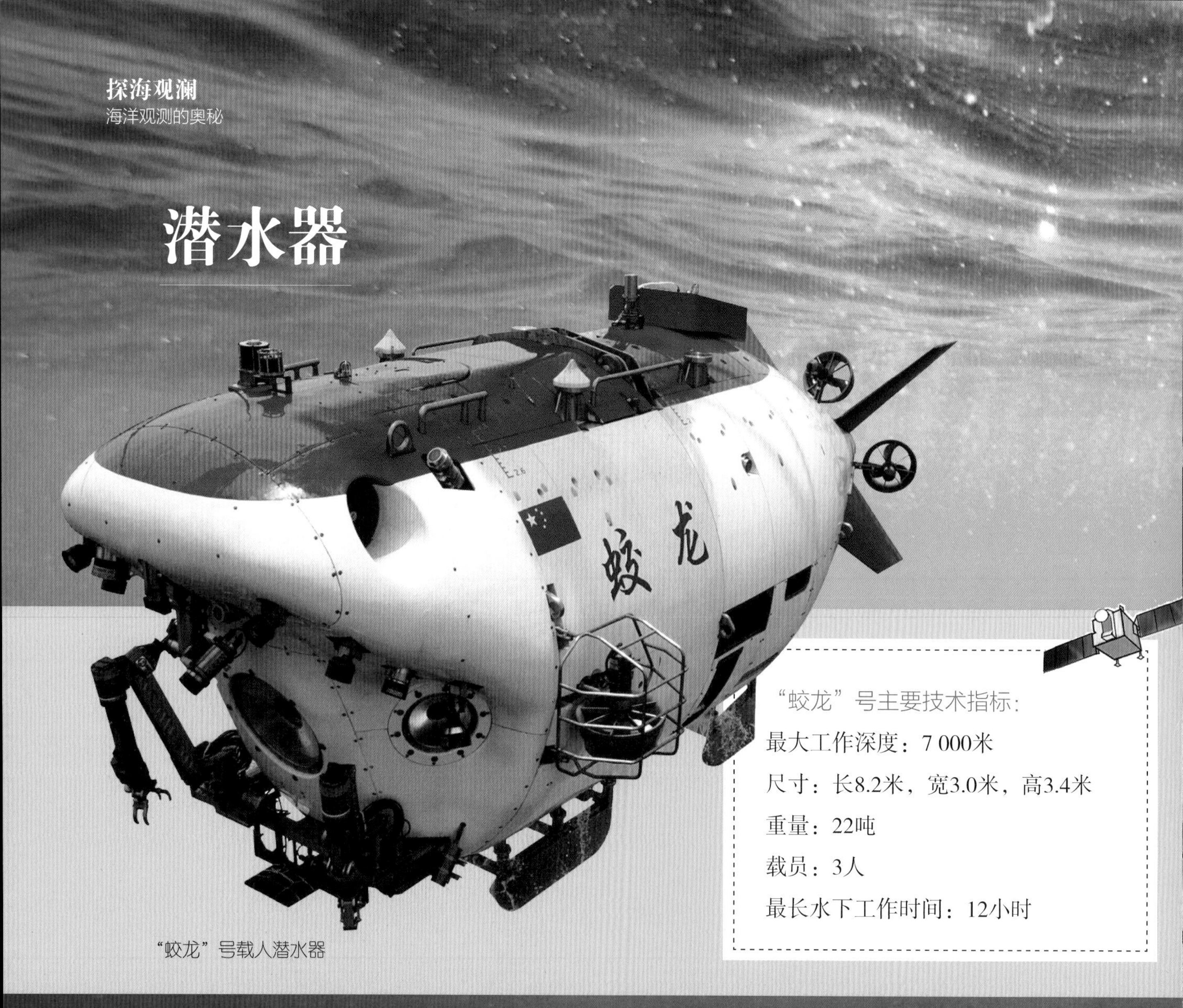

“蛟龙”号载人潜水器

“蛟龙”号主要技术指标：

最大工作深度：7 000米

尺寸：长8.2米，宽3.0米，高3.4米

重量：22吨

载员：3人

最长水下工作时间：12小时

载人

“蛟龙”号载人潜水器——蛟龙入海，开辟深渊

“蛟龙”号载人潜水器是一艘由中国自行设计、自主集成研制、设计深度7 000米级的载人潜水器，可在占世界海洋面积99.8%的广阔海域中使用。“蛟龙”号具有当时我国最大作业深度，具有针对作业目标稳定的悬停定位能力，具有先进的水声通信和海底微地形地貌探测、高速传输图像和语音及探测海底小目标的能力，可配备多种高性能作业工具。2012年6月，“蛟龙”号在马里亚纳海沟创造了下潜7 062米的世界同类作业型潜水器最大下潜深度纪录。

“蛟龙”号的研制和应用开辟了我国深渊科学研究的新领域，使我国成为继美国、法国、俄罗斯、日本之后世界上第五个掌握大深度载人深潜技术的国家；标志着中国深海载人科研和资源勘探能力达到国际先进水平；对我国深海技术装备发展产生了巨大的辐射带动作用和社会效益；为人类探索海洋、研究海洋、保护海洋做出了突出贡献。“蛟龙”号已经成为中华民族伟大复兴的“大国重器”。（于怡）

“深海勇士”号载人潜水器——深海班车，勇往直前

“深海勇士”号载人潜水器是国家“863”计划海洋领域“十二五”重大项目“深海潜水器技术与装备”支持研制的深海装备，是以实现国产化、降低运行成本、提高可靠性和可维护性为目标研制的一台拥有自主知识产权的4 500米级载人潜水器，国产化率达95%。

2017年8—10月，“深海勇士”号完成南海工程海试。海试期间累计下潜28次，最大下潜深度4 534米，最长水中时间10小时36分，成功获得生物样品29种39只。海试结果证明：国产的载人舱、浮力材料、锂电池、推进器、海水泵、机械手、液压系统、声学通信、水下定位、控制软件等十大关键部件性能可靠。国产技术和产品使“深海勇士”号在电能、潜浮速度、声学通信和自动控制方面拥有独特的优势。这一全面的国产化努力和成功，不仅为我国已投入使用的“蛟龙”号的技术更新和正在研制的万米载人深潜器奠定了中国制造的基础，也标志着我国在海洋大深度技术领域中拥有全面自主研发能力时代的到来。

2017年12月1日，“深海勇士”号正式交付中国科学院深海科学与工程研究所，投入试验性运行。截至2019年年底，“深海勇士”号已完成了247次下潜任务，可以实现连续下潜、夜间下潜、一位潜航员带两名科学家同时下潜，以及一天进行两次下潜作业等。

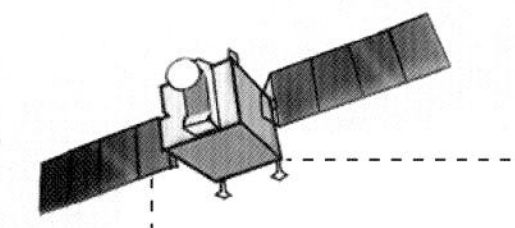

“深海勇士”号主要技术指标：

最大工作深度：4 500米

尺寸：长9.3米，宽3米，高4米

重量：20吨

载员：3人

最长水下工作时间：10小时

“深海勇士”号载人深潜器

“深海勇士”号坚持“深海班车、开放共赢、高效低成本”的运行理念，积极开展国内国际合作，主动承接多元化任务。高频次、高强度的下潜表明了我国研制的“深海勇士”号载人潜水器运维能力跻身国际先进行列。

（叶承）

“奋斗者”号载人潜水器——直抵万米，谁与争锋

“奋斗者”号是中国研发的万米载人潜水器。2020年10月27日，“奋斗者”号在马里亚纳海沟成功下潜突破10 000米，达到10 058米，创造了中国载人深潜的新纪录。11月10日8时12分，“奋斗者”号在马里亚纳海沟成功坐底，坐底深度10 909米，刷新了中国载人深潜的新纪录。11月13日8时04分，11月17日7时44分，“奋斗者”号载人潜水器在马里亚纳海沟两次成功下潜突破10 000米。11月19日，“奋斗者”号第五次突破10 000米海深复核科考作业能力。

从外观上看，“奋斗者”号像一条大头鱼：“肚子”涂成了绿色，这是因为绿光在海水中衰减较小，便于在深海捕捉到它的身影；“头顶”呈醒目的橘色，也是便于上浮到水面时能被母船快速发现。深海万米之处可谓是科研“无人区”，载人潜水器则是进入“无人区”的科考利器。这条“大头鱼”不仅涂装靓丽、灵动自如，而且“肚”里有货。“奋斗者”号可以同时搭载3名潜航员和科学家下潜，作业能力可覆盖全球海洋百分之百海域。

与美国、日本的深海潜水器相比，“奋斗者”号在下潜深度上虽然没有实现质的飞跃，但却创造了更为有利于人类研究深海的纪录：美国、日本的潜水器虽然都下潜到了一万多米的深度，但由于科技限制，只能进行简单的上下潜水工作，能够做出的贡献无非是刷新一下潜水深度，探明一些海底物质；而“奋斗者”号不仅能潜到一万多米，同时还能进行较长时间的系统性作业，这才是真正能对海洋研究开发起到作用的进步。

“海马”号主要技术指标：
最大工作深度：4 502米
尺寸：长3.5米，宽1.85米，高2.7米
重量：5吨
最长水下工作时间：连续长时间工作，无工作时间限制

“海马”号深海遥控潜水器

无人

“海马”号深海遥控潜水器——频创纪录，国庆献礼

“海马”号深海遥控潜水器（ROV）是国家“863”计划海洋技术领域“4 500米级深海作业系统”重点项目的主要成果，由广州海洋地质调查局牵头的“海马团队”经过6年的艰苦努力研制完成。“海马”号实现了90%的技术装备国产化和一步正样，打破了国外技术封锁，实现了我国在大深度遥控潜水器自主研发领域“零的突破”，形成了我国基于“海马”号的4 500米深海作业能力，是“十二五”海洋技术领域的重大标志性科技成果。

“海马”号深海遥控潜水器目前依然是我国唯一投入深海探查实际应用的、下潜深度和系统规模最大的国产深海遥控潜水器。海马作业团队将其打造成了具有强大作业能力的“深海骏马”。

2015年3月，“海马”号首战告捷，发现了深海巨型活动性冷泉（后被命名为“海马冷泉”）；同年，“海马”号在西太平洋海山区成功下潜作业，填补了我国在富钴结壳富集区复杂地形下应用ROV调查的一项技术手段空白。6年来，“海马”号创造了众多中国深海潜水器作业记录。

“海马”号取得的每一项进步，都是中国深海潜水器发展进程中新的起跑线。2019年10月1日，“海马”号在中华人民共和国成立70周年的国庆观礼上展出，并获得了当年“国土资源科技一等奖”。（陈宗恒）

海洋小知识

冷　泉

海底冷泉从发现到现在已经40余年，反映了海底的极端环境。来自海底沉积界面之下的流体，成分以水、碳氢化合物（天然气和石油）、硫化氢、细粒沉积物的一种或多种为主，以喷涌或渗漏方式从海底溢出，并产生系列的物理、化学及生物作用，这种作用及其产物称为冷泉。

冷泉的温度与底层海水温度接近，其流体可能来自于下部地层中长期存在的油气系统（深部热解气），也可能是浅层沉积物中有机质的微生物成因气。

冷泉产生的根本原因是海底沉积物中的流体获得向上运移所需的压力条件和流体通道，因此许多改变海底环境的作用都可能导致冷泉的发育。常见导致冷泉形成的因素包括：

（1）海底沉积物埋藏过程中伴随的压力增大和温度升高；

（2）海底沉积物滑动、运移及重新沉积等引起的压力异常；

（3）构造作用（如板块俯冲）导致的地层压力变化和断裂发育；

（4）地震、火山等活动引发的压力快速变化和地温梯度升降；

（5）全球气候变暖或变冷导致海平面的升降，引起海底压力和温度变化；

（6）底层水变暖或温盐环流变化、季节性温度变化造成的海底环境变化；

（7）构造抬升或海平面下降使压力降低，导致水合物分解，进而形成冷泉。

当上述因素出现时，流体会沿着断层、裂隙、泥火山、构造面等通道向上运移和排放，因此主要集中在断层和裂隙较发育地区，常呈线性群产出，经常伴随着大量自生碳酸盐岩、生物群落、泥火山、麻坑、泥底辟等较为宏观的地质现象。

冷泉作用在海底孕育了独特的生态系统。甲烷氧化菌和硫酸盐还原菌参与到冷泉流体中的甲烷与硫酸根离子的甲烷厌氧氧化反应中，为化能自养生物提供了碳源和能量，成为冷泉生态系的初级生产者。在其基础上又发育着菌席和深海双壳类（贻贝类和蛤类）及蠕虫（管状群蠕虫和冰蠕虫）多毛类动物，以及海星、海胆、海虾等一级消费者，其中管状蠕虫只出现在冷泉流速较低的环境。二级消费者有鱼、螃蟹、扁形虫、冷水珊瑚等。所以，冷泉活动区域一般都是海底生命极度活跃的地方，它和热液生态系统并称为“深海绿洲”。

南海海马冷泉繁茂的生态群落

南海海马冷泉的潜铠虾、贻贝、海蛇尾

南海海马冷泉拟蛾螺科的一种（中间正在爬行的螺）、贻贝、海蛇尾

南海海马冷泉甲烷气柱

全球海洋环境中可能发育有900多处海底冷泉活动区，每年释放大量二氧化碳和甲烷等烃类气体到海水甚至大气中，而甲烷的温室效应是相同质量二氧化碳的20倍以上，因此是全球变化的重要影响因子。我国目前在近海已发现冷泉区7个，其中南海海域分布6个，东海冲绳海槽1个。2015年“海马”号ROV在琼东南盆地西部海域发现了海底巨型活动性“冷泉”，被命名为“海马冷泉”。该冷泉浅表层富含天然气水合物，自生碳酸盐岩大量出露，冷泉生物群广泛发育，是非常典型的冷泉系统。

研究冷泉具有重要的科研意义。冷泉是探寻天然气水合物的重要标志之一；对于研究地球深部生物圈，冷泉生态系统又是一个重要窗口；冷泉溢出的甲烷和二氧化碳是可能造成温室效应的重要因素，因此，冷泉对于研究全球气候变化和环境变化具有重要的指导和启示意义。（孔秀）

身边的海洋观测：海洋预报与应用

新一代南海海洋环境实时预报系统——优秀的海洋与气象“预言家”

我国南方沿海地区是热带气旋活动频繁的地区，每年夏秋两季热带气旋带来的强风、暴雨、风暴潮和海浪给海上航行、海上工程、海上风力发电、渔业捕捞等带来严重危害，造成巨大的经济损失和人员伤亡。

为了减少热带气旋灾害链带来的破坏和损失，需要对热带气旋及其引发的暴雨、风暴潮、海浪等要素进行高精度的预报，从而为防灾、减灾工作提供指导。

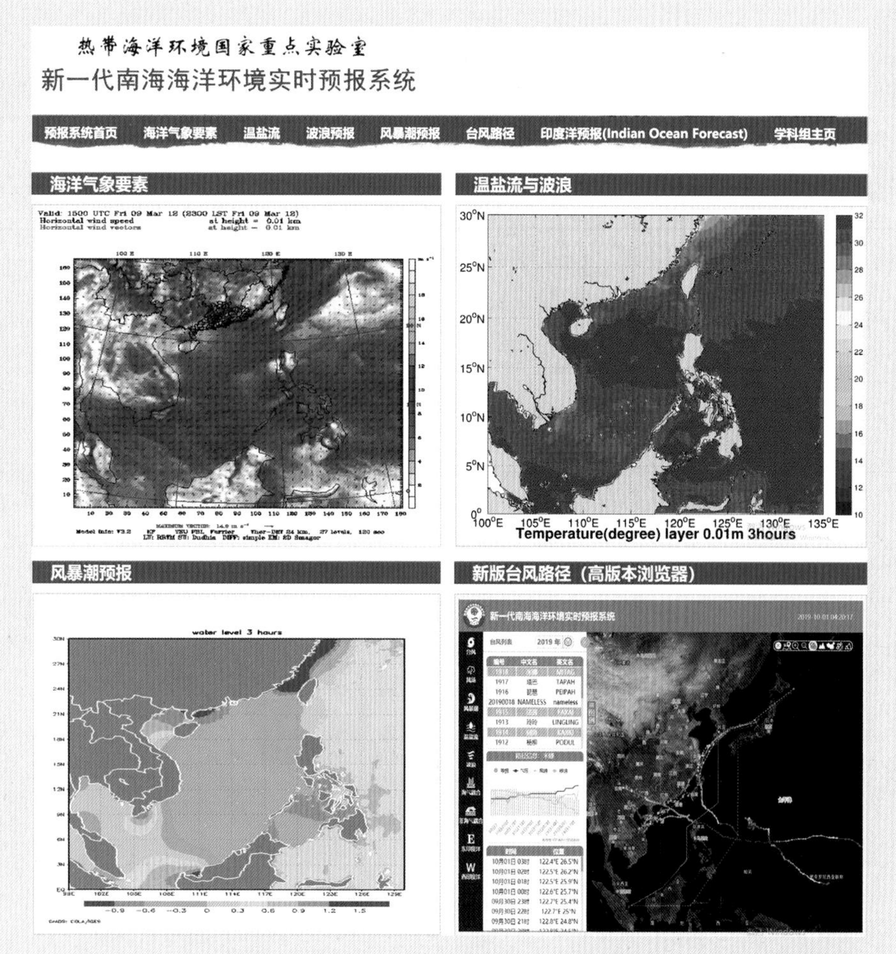

新一代南海海洋环境实时预报系统（NG-RFSSME）

基于此目的，热带海洋环境国家重点实验室（中国科学院南海海洋研究所）相关科研团队开发了新一代南海海洋环境实时预报系统（NG-RFSSME）。该系统每天进行4次预报，能够提供未来5天大气要素（包括风场、气温、气压、湿度等）和海洋要素（包括温度、盐度、海流、风暴增水、海浪等）的预报结果，并通过网站（http://epanf.scsio.ac.cn）进行展示。

为了提高对上述海洋、气象要素的预报精度，该预报系统集成了多项该团队自主研发的数值预报技术，并通过先进的资料融合技术融合了多源实时观测数据，包括卫星观测的海表高度、海表温度数据，亮温数据，ARGO漂流浮标和水下滑翔机观测的温盐剖面数据，以及高频地波雷达观测的海表流场等数据，进一步提高了预报系统的预报准确度。

多源实时观测数据融合示意图

NG-RFSSME对南海区域海洋环境要素的预报精度达到国内外先进水平，尤其是对台风路径的预报表现十分优异，曾经多次准确预报出登陆我国台风的路径和登陆地点，在我国南方沿岸地区的防灾、减灾工作中发挥了重要的作用，取得了卓越的社会效益。目前NG-RFSSME已经在华南地区海洋气象业务单位及国防海洋安全保障部门得到应用，并获得2018年度“海洋工程科学技术一等奖”。

2010年，该科研团队参加了广州市亚运会开幕式及运动会期间的天气诊断会商。其间，该系统的预报结果为参加会商的专家们对亚运会期间的天气诊断提供了有力的参考和依据，在此次亚运会的气象保障服务工作中发挥了重要作用。

2010年广州亚运会天气诊断会商现场

2013年，强台风“温比亚”登陆广东湛江，给中国南部地区带来快而急的降雨天气，农作物及水利设施损坏严重，直接经济损失超过10.81亿元。NG-RFSSME系统提前3天准确预报了强台风的登陆点。

2018年，超强台风“山竹”登陆广东台山，给广东、广西、海南、湖南和贵州五省（区）造成了重大的灾害，直接经济损失高达52亿元。NG-RFSSME系统在台风“山竹”的预报中，提前27小时准确预报了台风的登陆点，并通过微信实时指导了珠海市金湾区综合指挥中心负责人对台风“山竹”的防台抗台工作，为珠海市金湾区的抗台目标做出了重要贡献。该指挥中心也给中国科学院南海海洋研究所写来了感谢信。（彭世球、朱宇航）

专家应邀到访珠海市金湾区综合指挥中心

海洋小知识

台风、风暴潮与海浪的预警预报

台风是指形成于热带或副热带水温达26℃以上广阔海面上的热带气旋。台风往往产生在海上，这是由于温暖的海洋犹如一个火炉，给台风提供能量。每年夏秋季节，我国毗邻的西太平洋地区都会产生大量的台风，有的消散在海上，有的则会登上陆地，产生风暴和巨浪，对沿岸居民的生活产生重大影响。

风暴潮对沿海地区的影响也很重大。台风会导致翻江倒海，就像用手去搅动满满一碗水，水会满溢出来一样。沿海地区受到台风影响，水位就会异常上升，这就是风暴潮。当水位上升到一定阶段，沿海地区可能会被海水淹没。风暴潮灾害也是所有海洋灾害中最严重的，它所造成的经济损失占所有海洋灾害经济损失的80%。海上本有潮涨潮落，当最大的风暴潮遇到天文大潮的高潮点，就会产生严重的潮灾。

无风不起浪。当风速很小的时候，海面基本平静如镜，而当台风发生的时候，会产生巨大的海浪，破坏力巨大。我国最大的海浪也是由台风造成的台风浪。我国地处北半球，台风呈逆时针旋转，它所产生的海浪会传播到很远的地方。

如何预报这样的气象海洋灾害呢？科研人员主要采用的是：看融算判。

看——观测。如雷达、卫星，特别是卫星，可以让我们在高空看到台风在哪里发生、强度如何、范围如何，提高预报的能力。

融——看得更多，判得更准。观测结合初步估计，得到融合分析的结论。

算——在后计算机时代，很多现象可以通过数学公式进行概括，通过解方程可以对未来自然界的状态进行判断和预测，这个过程就叫算。

判——发布预警。综合上述三方面成果，将抽象的数值变为看得懂的预警信息，帮助大家对灾害进行防备。

目前，中国科学院南海海洋研究所研发的预报平台新技术，在华南地区的渔业、海洋防灾、工程建设等方面发挥着作用。

现代技术让我们真正能看得到、融得好、算得准、判得对，真正做到洞悉天机，趋吉避凶。（李毅能）

扫一扫看视频

台风、风暴潮与海浪的预警预报

风暴潮与海浪可能会给沿海地区居民生活带来严重的影响

风暴潮

海浪

正常高度的潮水

平均海平面

海洋水文环境实时监测 助力港珠澳大桥沉管铺设

港珠澳大桥全长约55千米，将香港、澳门和珠海三地连为一体，是目前世界上最长的跨海大桥，被英国《卫报》评为“新世界七大奇迹”之一，是中国从桥梁大国走向桥梁强国的里程碑。

大桥主体长约29.6千米，由长达22.9千米的桥梁工程和6.7千米的世界上最长的海底沉管隧道两部分组成。

为何要用隧道，何不在海面之上架起一座完整的桥直接贯通呢？这是因为如果要在海面上架一座完整的桥，能保证30万吨的货船通过，桥面距离海平面起码得88米，如此高的桥面将会对附近的香港大屿山机场构成非常大的威胁。

那又为何要用“沉管隧道”，而不直接在海底挖一条隧道？我们知道，山体隧道、海底隧道与地铁隧道三者挖建方法十分相似，都是

港珠澳大桥海底沉管隧道结构

采用各种方法，例如炸药爆破或机械挖掘，直接挖出一条通道。而沉管隧道则大为不同，它是在海底预先挖好沟槽，再在沟槽中铺上一层碎石作为基床；同时，在工厂内预制好沉管，然后将沉管一节一节由船只运输至海上需要铺装隧道的位置，利用数条船上的吊机下沉放置到基床上依次拼装而成。采用了这样的工艺流程，就不需要在海底现场施工挖隧道，相比之下，整个作业的工程量和成本都可以大幅度减少，而安全性却能大大提高。

港珠澳大桥海底沉管隧道由33节巨型沉管和1个合龙段接头拼接组成，每节沉管重量约为8万吨，相当于一艘航空母舰的重量，长、宽、高分别约为180米、37.95米和11.4米，表面积接近20个篮球场那么大。操作这种重量级的沉管在最大作业水深超过50米的海底完成精准对接，且位于伶仃洋最繁忙的通航水域，其难度可想而知，堪比太空对接。因此，它又被誉为当今世界上埋深最大、综合技术难度最高的沉管隧道，需采用8艘大马力、全回转拖轮协同作业，通过遥控等技术调整管节姿态，完成精准对接。

为了满足对接的精度要求，建设团队研发了多项大型关键技术和装备，均达到了世界领先水平，曾创造了“半个月内连续安装两节沉管”“极限3毫米对接偏差”等多项纪录。其中的一项关键技术和装备就是中国科学院南海海洋研究所科学家们开发的海洋水文环境实时监测系统，包括5套海流和波浪监测浮标、2套平台波浪和潮位监测单元。有了这套系统，工作人员在办公室通过电脑就能随时了解海洋内部的动力情况。

港珠澳大桥沉管对接示意图

这套系统从2011年起在工程作业海区投入使用，连续运行6年，为施工海域海浪、海流、潮位的精细化预报，以及沉管浮运安装施工海洋环境窗口预报及工程作业提供了高密度的实时监测数据。在进行沉管铺设、对接的时候，施工人员能全方位、随时了解到目前海下不同深度的海水流动情况，为沉管姿态的调节提供了科学依据，保证沉管以更加低的偏差完成对接，为隧道沉管的顺利安装做出了重要贡献，体现了南海海洋研究所为国家重大项目提供科技支撑的深厚研发基础和科研实力。（刘军亮）

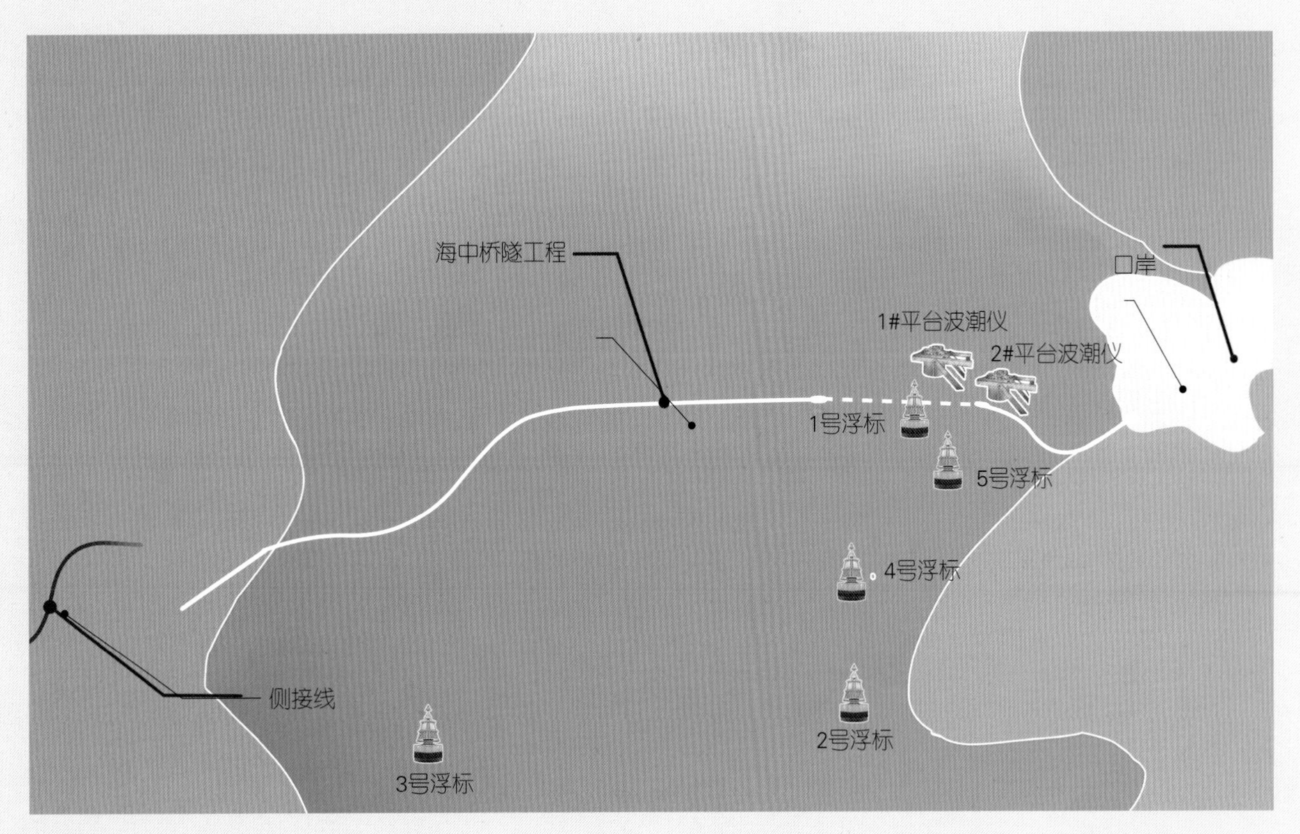

港珠澳大桥岛隧工程项目作业海区流浪潮远程实时观测系统

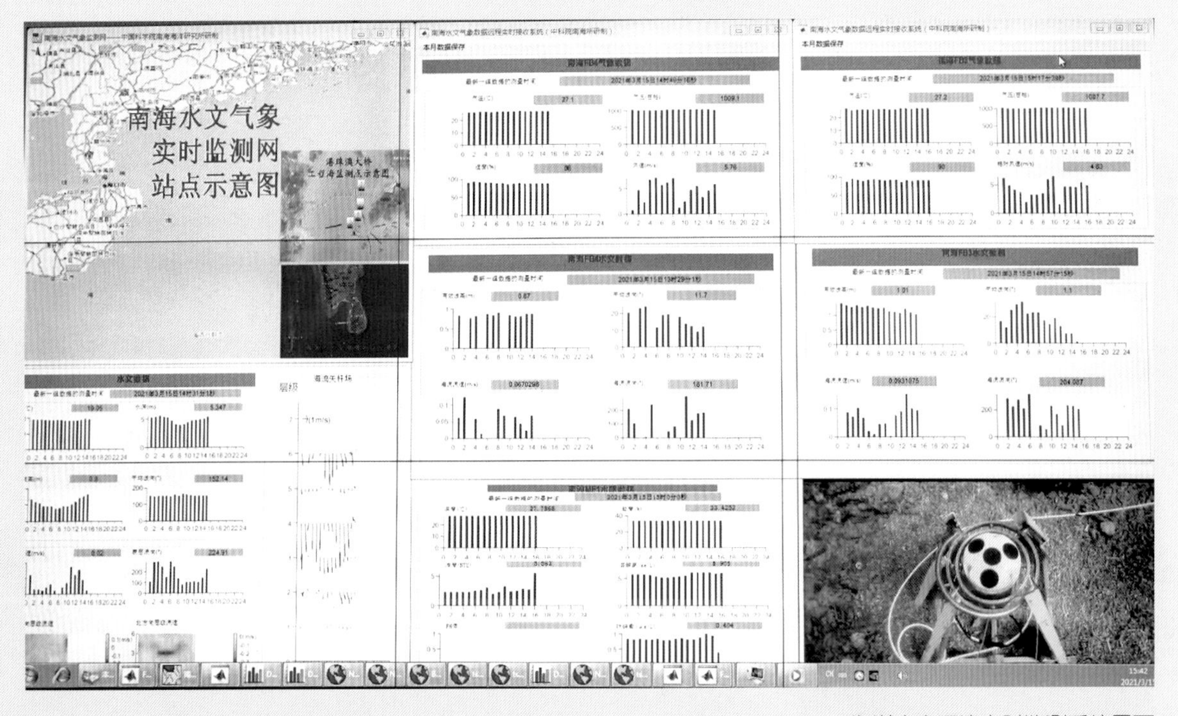

海洋水文环境实时监测系统界面

大亚湾核电站环境监测——海域生态环境的安全卫士

地处大亚湾畔的大亚湾核电基地，因我国首座大型商业核电站而闻名。尽管核电站属于清洁能源，但是核电厂冷却循环系统产生的温排水会对海域水文条件、海水水质、生态环境等多个方面产生影响。因此，作为我国首座大型商用核电站，大亚湾核电站的热污染对大亚湾海洋环境和海洋生物可能造成的影响，引起社会的高度关注，导致争议不止。

大亚湾核电站海域生态环境安全吗？广东大亚湾海洋生态系统国家野外科学观测研究站（原中国科学院大亚湾海洋生物综合实验站，以下简称“大亚湾站”）的研究给出了答案。

由于生态系统的变化具有多要素、多过程的耦合特征，仅凭短期的试验和观测，难以判断生态系统的变化是短期波动还是长期趋势。因此，要判断核电站温排水对海洋生态环境的影响，就必须对大亚湾生态环境进行长期监测。

在此背景下，大亚湾站应运而生。1984年，位于深圳大鹏半岛东侧的大亚湾站正式建成。作为国家级野外台站、中国生态系统研究网络（CERN）重点站，在核电站开建之前，中国科学院南海海洋研究所大亚湾站就启动了大亚湾本底环境调查，迄今为止已经积累了近40年的监测数据。

然而面对海量的数据，科研人员如何抽丝剥

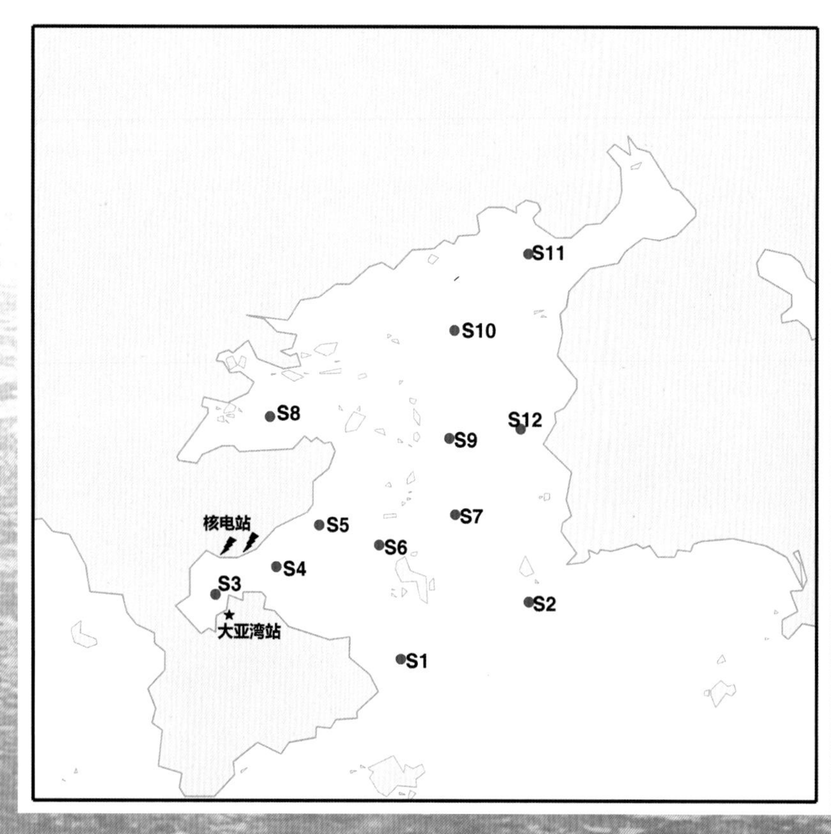

大亚湾海域及定位观测站示意图

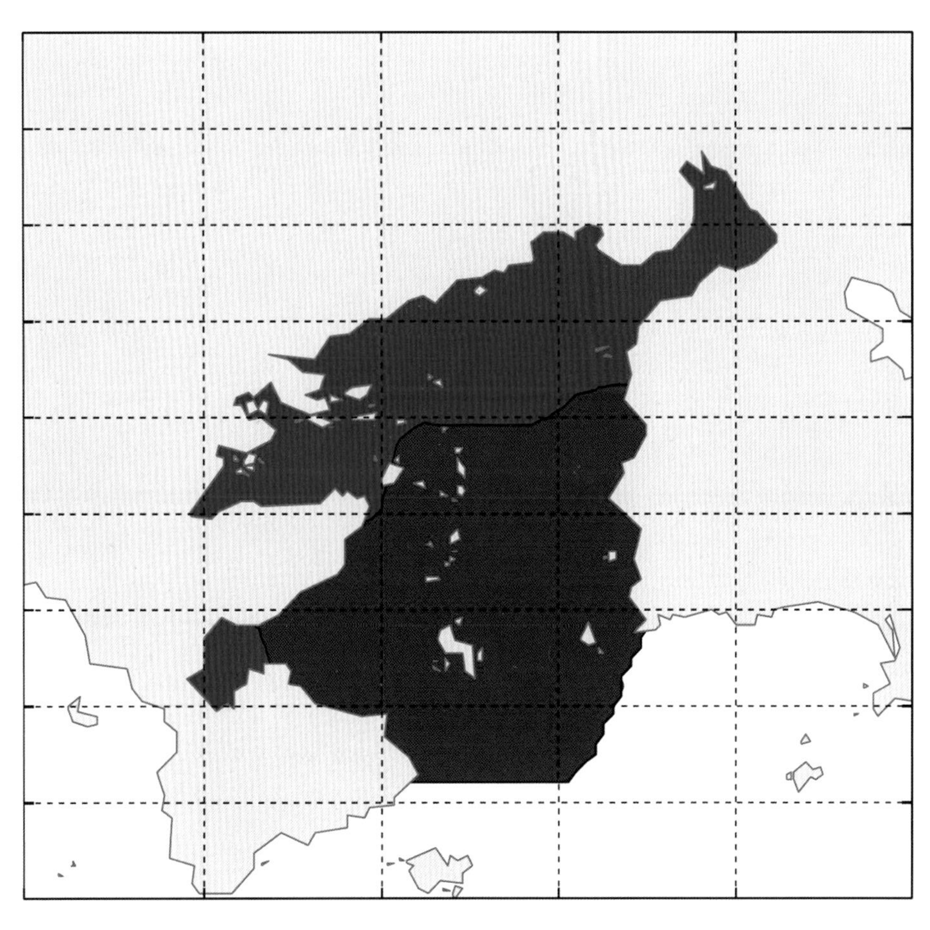

多元统计分析法得出的大亚湾人类因素和自然因素控制区域分布示意图（红色：以自然变化为主的海域　蓝色：人类活动变化影响为主的海域）

茧，区别核电站温排水和其他人类活动以及自然变化对海洋生态系统的影响，找出支持生态系统稳定的决定性因素呢？

一门新兴的交叉学科——“计量海洋生态学”提出了很好的解决方案。在化学计量生态学中，生物体中元素（碳、氮、磷）组成平衡对于生物体的生长至关重要。多元统计分析（multivariate statistical analysis）是化学计量学研究中的关键技术：它根据多个变量间的联系和数据结构等信息，揭示生态环境变化过程中谁是主要驱动因子，谁是次要因子。

大亚湾站对上述长期监测数据进行多元统计和模糊聚类分析，得出了大亚湾生态环境动态变化模式：大亚湾海域由贫营养状态发展到中营养且局部已发现有富营养化的趋势，氮磷比平均值由20世纪80年代的1：1.5上升到近年的大于50：1；营养盐限制因子已由20世纪80年代的氮限制过渡到90年代后期的磷限制，再到近年来硅和磷交替限制，打破了近十几年来一直磷限制的结论；生物资源趋于小型化，生物资源衰退。核电站温排水对大亚湾核电站周围海域的生态环境存在一定影响，但不会影响大亚湾生态系统的变化趋势，而氮磷比才是大亚湾生态系统变化的关键驱动因子。由此，平息了国际上有关核电站温排水对生态系统影响与否的长期争论。（王友绍、孙翠慈）

探海观澜：海洋科考探险记

海洋科考是一项长期而烦琐的工作。科学家们通过对海洋的综合研究，可以帮助我们国家预防各种海洋灾害，满足国家在保护海洋生态环境、开发利用海洋资源、维护国家海洋权益等方面的重大需求，并为我们国家的重大海洋工程提供理论保障。

每一次出海科考，都是艰难探险；每一次远洋航行，都是出生入死。海上作业的艰险、沿途遭遇的悲喜、海洋探索的难题，都留存在泛黄的老照片上。它们无声地讲述着30多年来海洋科学家们为国家海洋事业做出的贡献，留下了一个个平凡却荡气回肠的故事。

西太平洋初探——我国第一次远洋科考

占全球总面积70%以上的辽阔海洋深邃而神秘，吸引着人类前仆后继地探索发掘。20世纪中叶，随着科学技术的蓬勃发展，年轻的新中国将发展的目光投向了当时鲜为人知的研究领域，开始了对海洋探知的新征程。

为贯彻落实《1956—1967年科学技术发展远景规划》，国务院科学规划委员会海洋组决定开展中国近海海洋综合调查（简称“全国海洋普查”）。我国于1958年9月开始实施中华人民共和国首次综合性海洋调查。一批年轻的科学工作者先后对渤海、黄海、东海和南海的物理海洋、海洋气象、海洋化学、海洋地质、海洋生物等海洋环境要素进行了系统的综合调查研究工作，并获取了详尽的海洋调查资料。

为了提高我国气候趋势预报和长期天气预报水平，更好地服务于我国国民经济建设和国防建设，中国科学院决定开展一项“西太平洋热带海域海洋-大气相互作用与年际气候变化”的研究。1985年12月10日，中国科学院南海海洋研究所“实验3”号科考船承载着来自中国科学院南海海洋研究所、中国科学院大气物理研究所及中国科学院海洋研究所等共45位海洋科学工作者与39名船员，从广州新洲码头出发，浩浩荡荡一路驶向太平洋，开启了数年的持续性海洋观测考察。

这是我国组织的第一次远洋科学考察，是“实验3”号第一次入大洋进行深海锚定浮标定点测流试验，是中国科学院第一次组织的海洋与大气科学交叉学科考察，也是世界上第一次明确提出“海-气相互作用与气候变化”

“实验3”号科考船当年启航实景，这是当时我国最先进的科考船之一

领导们在“实验3”号上检查备航工作

时任南海海洋研究所海洋水文室负责人的甘子钧（左）、原南海分局局长梁松（中）、原海化室主任韩舞鹰（右）在“实验3”号科考船停靠的码头上合影

研究的科学考察。它开启了我国远洋科考的新篇章。

由于此次航次科学意义重大，中国科学院原副院长孙鸿烈、广东省原副省长黄清渠、中国科学院院士曾庆存、中国科学院原副院长叶笃正等领导上船听取备航工作情况并欢送出航。中国科学院大气物理研究所原副所长周晓平、海洋研究所原副所长袁业立与南海海洋研究所原副所长赵焕庭、原海洋水文室负责人甘子钧带队出航。由赵焕庭任总指挥，周晓平和袁业立任副总指挥。

1985年西太平洋科考海上工作剪影

西太平洋热带海域不仅是世界大洋海面温度最高和对流活动最频繁的区域之一，还是纬向赤道流系（包括南、北赤道流，赤道逆流和潜流）与经向的黑潮暖流过渡海区。在此海域中，海-气相互作用过程和海况的低频变化不仅对东亚大气环流和西太平洋环流的年际变化有直接的作用，对全球中高纬度的大气环流也有深远的影响。

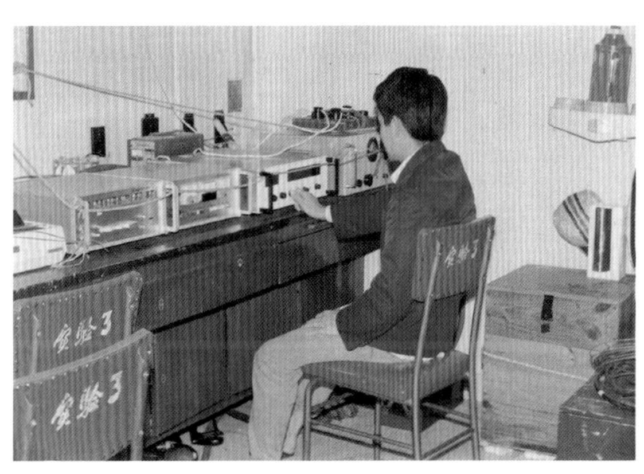
1985年西太平洋科考，大气所气象梯度室内记录

1985年这次考察，以海-气相互作用观测研究为中心任务。作业海区南跨赤道，北及北回归线，东起雅浦岛，西达菲律宾，总航程约13 000千米。

作业海区共设71个测站，对海洋和大气中各种物理、化学要素进行定点常规观测和连续性观测。温盐深仪（CTD）水下探测深度最大达4 000米。

年轻的海洋科考队员同舟共济、艰苦奋斗、不畏风险、披荆斩棘。有了首次西太平洋考察的成功经验，中国科学院于1986年10—12月、1987年9—11月、1988年9—11月、1989年10—11月先后组织了共五次西太平洋热带海域科学考察，获得了大量可应用于海洋科学研究的一手观测资料。后四次考察实现了“实验3”号、“科学一号”科考船在西太平洋赤道南北海域的同时观测。中国科学院“七五”期间把“西太平洋热带海域海-气相互作用”列为综合性重大基础研究项目之一。

航海顾问戴力人老船长海上工作剪影

1987年“实验3”号考察队员过赤道时举行“越赤道仪式”

领导、同事及家属迎接考察队胜利返航

海洋科学工作者们在码头上与科考船合影

由于中国科学院五次海-气相互作用考察取得丰硕成果，引起了国际海洋和气象科学界的重视。经过多国协商，由中国、美国、英国联合发起全球合作，海陆空联合作战。这项合作被称为全球TOGA-COARE计划，合作考察执行时间为1992年10月至1993年3月，从北半球20° 30'N，跨越赤道到南半球18° 30'S，以经纬度为坐标，确定81个站点，呈网络状分布，对每一个站点进行全方位观测。19个国家（中国、美国、英国、日本、澳大利亚等），14条海洋考察船（中国3条，国家海洋局“向阳红五号”是万吨级，被指派为中方指挥船），7架飞机，7个地球同步卫星，以及周边国家地面气象站、岛屿海洋站等近百个站点，全部参加同步观测，海上工作时间共计135天。

联合航次的开展，标志着海上科考的国际合作进入新时代。我国海洋和气象学家在这个过程中做出了积极而卓越的贡献。（湛沁）

（图片提供：袁恒涌、陈荣裕）

科考船靠岸菲律宾时，与当地居民以物换物的珍贵留影（1985年，中国的海洋科考船第一次靠岸菲律宾，当地居民非常好奇，大人小孩都拿着贝壳制成的花篮和贝壳工艺品，向船上的海洋科学工作者们换水果。船员们也用万金油、鱼罐头、铅笔等物品换过他们的杧果。因为不允许下船，所以大家只能通过空中抛物来交换。凭着“beer beer, fish fish”等的简单对话，在空中抛物易物，也是科考途中的一丝乐趣）

仇德忠（科考队员）

1992年11月27日，一早起床，我照例想要拿笔去写当天的排班通知，笔却“啪”地掉到地上。我的手忽然不听使唤，怎么也抓不住笔，不会写字了。船上的随队医生一时也无法判断我是脑梗死还是脑出血，只是告诉我：“从今天起，你可能再也无法执行航海科考任务了。”

这个航次是国际合作，指挥部设在澳大利亚，最高负责人是美国人。队医紧急联系岸上，告知我的情况。最后说我不能再留在船上继续工作了，必须马上送医院治疗。船长接到指令后就把船开往附近的瓜达康奈尔岛，后来澳大利亚方面派了医疗飞机来到岛上，这才把我接走。

我被送到澳大利亚东北角的海边城市康斯维尔，在医院里住了一个星期，做了CT诊断，确诊是脑梗死。后来在澳大利亚治疗了一周，回国后又在医院住了一个多月。

经过这件事，我作为一个老海洋人，算是彻底与海洋科考工作告别了。我也因此意识到了健康的重要性。我的体格一般，但身体还算好，年轻时是一介书生，手劲也不够。但在多年的海洋科考工作中，身体锻炼得不错，现在还能去全国各地骑行。

黄企洲（科考队员）

西太平洋的6次科考，我都参加了。要说船上生活的适应能力，我可能是其中较好的一个。海上科考条件艰苦，大风浪中，很多人晕船呕吐，我却还可以坐在船前的餐厅中吃饭，船摇得越厉害，我越容易肚子饿。

西太平洋的6次考察中，最后这次时间比较长，历经4个多月。因为时间比较长，所以我们经历过多次比较大的风浪，最大风力曾达10～11级。

在执行TOGA-COARE计划时，记得有一次风力10～11级，船摇晃异常，CTD不能在原来的船侧投放，故临时改在“实验3”号船的船尾布放。船随波忽上忽下，人和仪器也随之起舞。仪器入海时在海里也猛烈晃动，人和仪器的安全都受到极大的挑战。所以，观测时人必须一手抓住旁边的栏杆等防护设施，确保自己能站稳，一手扶住仪器。需要2～3人一起工作，才能完成一个观测时次。困难是比较大的，但好在我们挺过来了，未出现安全事故，不容易。

南海所有个优良的传统，就是海洋科学工作者和船员之间的关系一直非常融洽。记得我们在西太平洋考察放浮标时，并不只有我们考察队员在操作，船员也给我们提供了巨大的帮助。在执行TOGA-COARE计划时，我们在几千米深的地方抛深水锚，都是在船长和船员的帮助下做的。

黄羽庭（科考队员）

在茫茫大海上航行，很多时候都是日复一日地进行观测工作。如果说在科考船上有什么别致、有趣的事情能给航海生活增添一些色彩，越赤道仪式应该算一个。

这是一种源自欧洲的悠久文化仪式。赤道位处无风带，一般都是风平浪静的，海面像镜子一样，一马平川。船舶在经过赤道的时候，为了提振士气，祈佑平安，大家会身着特殊的服饰，举办一些仪式，以鼓励船员们跨越艰难海程，迎接一次次挑战。

1987年那次越赤道仪式，是科考队和船员们一起办的。仪式很有趣，把船长扮成龙王的模样。那些平时晕船的人在过赤道的时候都纷纷站起来了。大家都觉得能过赤道是很自豪的一件事，如果不是海洋工作者或海员，这一生能经过赤道的机会是不多的。所以，当时觉得过赤道就好像过年一样。

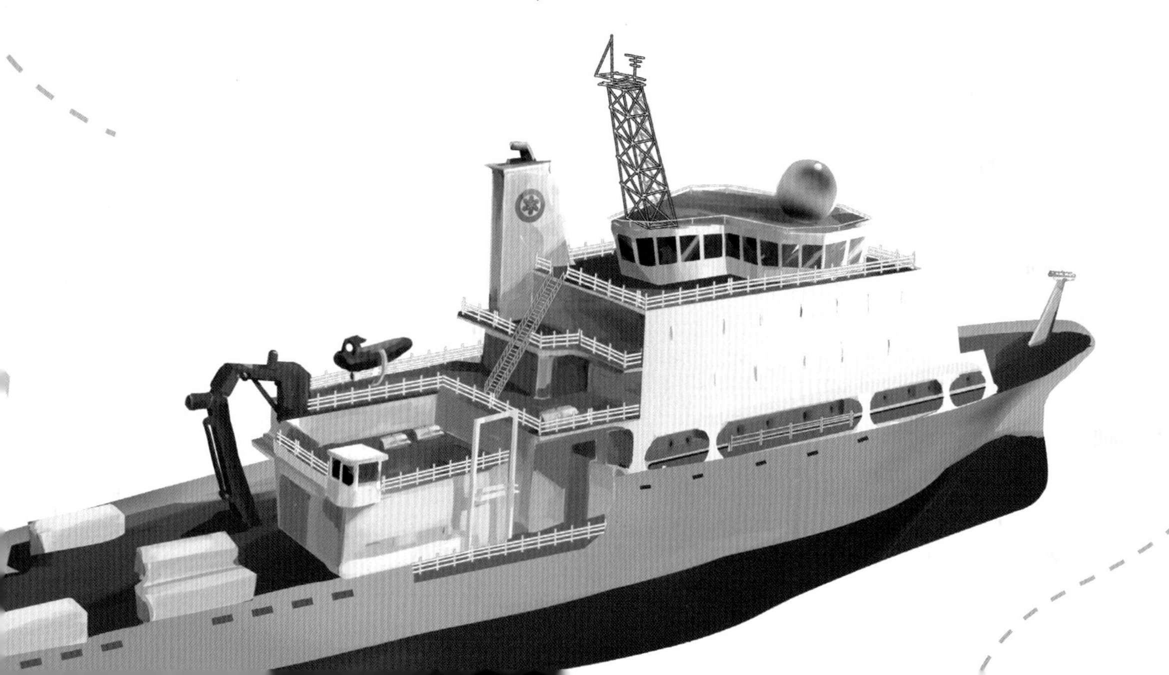

东印度洋科学考察与“21世纪海上丝绸之路”

习近平总书记于2013年提出共建“21世纪海上丝绸之路”，这有助于我国与海上丝绸之路沿线国家在港口航运、海洋能源、经济贸易、科技创新、生态环境、人文交流等领域开展全方位合作，对促进区域繁荣、共建人类命运共同体具有重要意义。我国对印度洋的科学认识还有很大不足，2010年之前对印度洋的第一手科考资料掌握严重不足，因此开展印度洋科学考察非常迫切。

2010年，中国科学院南海海洋研究所“实验1”号科考船，是我国第一艘小水线面双体科考船，作为当时我国最先进的科考船，还拥有双体形象的高颜值，执行了我国第一个以综合科学考察为目的的印度洋科学考察航次。

航次于2010年4月12日从广州母港起锚，在首席科学家王东晓研究员、陈荣裕研究员的带领下，31位科考队员与全体船员通力合作、昼夜奋战，克服印度洋西南季风带来的不利海况影响，针对新发现的科学问题及时进行现场补充观测。在有关部门大力协调下，科考船在斯里兰卡成功补给，出色地完成了航次预期任务。

科考队分为环境、地质、生物三个分队，共完成温盐深站位、全程走航海流观测、全程表层温盐、全程辐射通量观测和自动气象站与全程二氧化碳分压观测等工作。

航次取得了非常丰硕的科考成果：获得了较全面的孟加拉湾－赤道东印度洋实测海洋学数据，结合南海多年来积累的数据集，可进行系统的科学研究，深入探讨南海与周边海域的联系；通过物理海洋、海洋生态、海洋地质和海洋气象走航与站位观测，对热带印度洋的区域海洋学有了初步了解，为以后的海洋科学调查奠定了坚实基础。

“实验1”号科考船

各航次海上作业工作照

国家自然基金委员会从2011年开始，将印度洋综合科学考察航次纳入国家共享科学航次计划。科学家们通过科学考察航次获得了丰富的第一手观测资料，应用于海洋科学研究，在国际学术期刊上发表了大量印度洋研究学术论文，显著提高了在印度洋研究方面的学术地位。多名中方科学家获邀成为多个印度洋国际学术组织的专家委员。

印度季风对海上丝绸之路沿岸国家影响巨大。印度季风向北穿越赤道并途径热带海洋，携带大量水汽，是南亚和东南亚一带降水的最主要来源，甚至影响到我国华南一带。印度季风的强弱、路径、携带水汽的多少，直接影响着印度洋周边国家地区的气候、降水和农业环境，也与热带气旋（类似于我国的台风）、风暴潮等影响印度洋沿岸国家的海洋灾害有密切联系。

2020年9月“东印度洋科学考察”如期出航

我国的印度洋科考成果，为研究印度季风提供了大量的第一手观测资料，有力支撑了科学家对南亚地区气候变化、海洋自然灾害的预测、预报。（王卫强、姚景龙）（图片提供：吴泽文、禤础茵）

吴泽文（科考队员）

海况很差，我们担心船被海浪拍成两半

记得我第一次去印度洋科考的时候，就遇到很差的海况。风浪很大的情况下，船速只能放慢到5节，根本开不快。

我们的船是双体船，船的设计本是很静音的，但当时海况很差，海浪猛烈拍击双体船底中间的部分，发出很吓人的声音，整条船都听得到。汹涌的海浪从甲板上的洞口（地质采样用的）里喷涌而出，像喷泉一样，惊心动魄。我们非常担心船会随时被拍成两半。

遇见这样的海况，船就有点开不动了。本来我们的路线是往南走，只好临时调整了航线向北走，但依然走得很慢。这种情况持续了一个多星期。

曾与几千只海豚相遇嬉戏，也曾通宵在大风大雨中修仪器

在海洋科考中，我们也有奇遇：我们曾在海上看到过鲸群喷水换气；最壮观的一次，是几千只海豚围绕在我们的船周围嬉戏……

船的周围都是海豚

在海上的日夜，有喜也有悲，更多的时候，我们担负着海洋科考的责任，一次次接受意外的挑战。

有一次，用来往海里布放观测仪器的绞车突然坏了。绞车仅此一台，没有备用的——如果没有绞车，就无法放仪器，整个航次就白费了。一开始，我们不知从哪里入手，从看说明书开始，一点点摸索着修理，那个晚上偏又遇上大风大雨，把我们冻得半死。就这样连续修了整整一个通宵，第二天早上，机器终于恢复了正常。那种既担心又害怕、“压力山大”的心情，非常难忘。

还有一次，我们放的潜标的绳子缠上了一只螺旋桨，导致船走得很慢，而当时海况太差，没法下去修。有个心急的同事，不怎么会游泳，直接绑条绳子就要跳下海去修理，被大家拦住了。海浪不断地推移着船只，很难靠近船边。即使在海面相对平静的时候，水性很好的船员下海几分钟都会感觉非常累，更不要说在海况很差的情况下下海了——为了尽快恢复船只运行，我们的科学工作者们甚至不知道惜命。

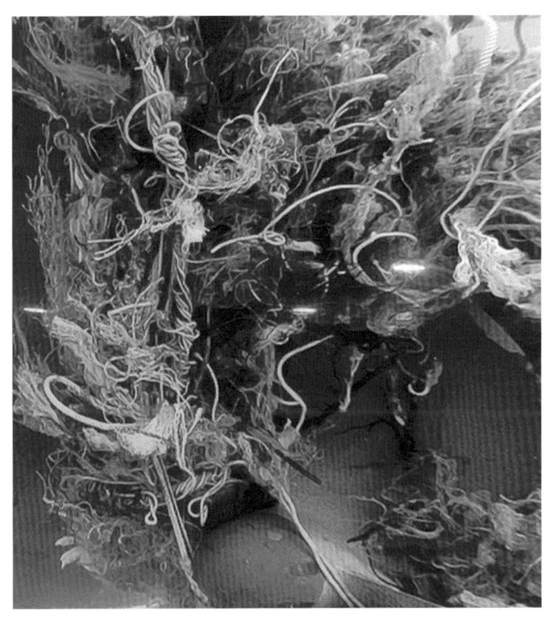

螺旋桨被两三吨重的渔网缠绕

在印度洋的考察中，我们的螺旋桨还曾被一大捆两三吨重的废旧渔网缠住过，导致整条船都走不动了。大家一起用钢丝和自制的砍刀去磨渔网，历时整整两天才把渔网割断解开。为了防止它再缠绕住别的船，全船的人都动手，整整一晚上，把庞大的渔网一点点剪碎。菜刀砍断了三四把，剪刀也都剪坏了，大家的手都剪酸了。那也是令人难忘的经历。

揭秘西北印度洋——中巴首次联合科考航次

巴基斯坦与中国有着牢不可破的友谊。当前中巴两国积极持续推进农业、海洋、能源、地质等多领域全方位的科技合作。然而，中巴经济走廊建设受到当地剧烈的气候变化、频繁的自然灾害和脆弱的生态系统等多重挑战。作为中巴经济走廊的门户——瓜达尔港，其附近海域地震、海啸频发，严重影响港口建设和运行安全。

历史上，莫克兰俯冲带邻近海域曾发生过多次大地震与海啸。1945年发生了震级高达8.1级的莫克兰大地震，造成破坏性海啸、海岸抬升与泥火山喷发。莫克兰海沟处于阿拉伯板块、印度板块和欧亚板块的交汇点，并且靠近巴基斯坦重要深水港口瓜达尔港，在地质构造

莫克兰海沟地形图

2017年2月中科院南海所与巴基斯坦国家海洋局签署合作意向书

中巴首次联合科考航次科学家在"实验3"号科考船前合影

上与我国南海共轭，与南海分别为喜马拉雅系统的"左膀"与"右臂"。研究莫克兰俯冲带对海-陆碰撞构造的国际前沿科学问题具有重大意义，更关系到包括瓜达尔港在内的巴基斯坦沿岸地区的海上安全问题。

2017年2月，中国科学院南海海洋研究所与巴基斯坦国家海洋研究所正式签署了合作意向书，决定在北印度洋的海洋科学研究领域开展广泛合作。紧接着，在2017年12月30日至2018年2月26日期间，中国科学院南海海洋研究所牵头，成功执行了中国-巴基斯坦首次联合科考航次。在首席科学家、特聘研究员林间的带领下，中国十多个科研院所及巴基斯坦国家海洋研究所等巴方院所参与，中巴两国共70多名科考队员参加，搭乘"实验3"号从广州新洲码头驶向全球最浅、俯冲角度最小、沉积速度最快、研究程度最低的北印度洋莫克兰海沟。此次联合科考的成功实施开创了中巴海洋科技合作先河，为深入开展两国海洋科技合作积累了经验。

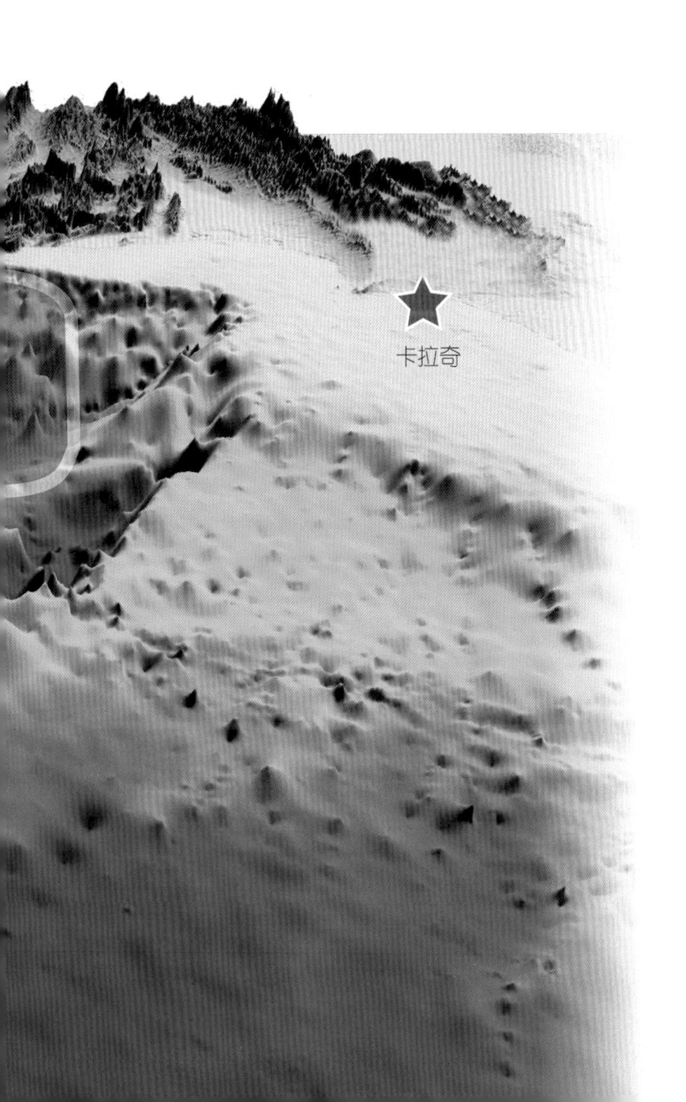

该航次聚焦莫克兰海沟海洋岩石圈演化、超低角度板块俯冲、大地震与海啸机制及生物生态格局等重大科学问题：在“中巴经济走廊”瓜达尔港外海开展海洋科学综合调查，共同研究莫克兰海沟的地球物理、地球化学、地球动力学与海洋生态学特征，探索北印度洋扩张脊到莫克兰俯冲带之间的海洋岩石圈、生物圈演化规律，进行构造、沉积、岩石、流体和地热及生物生态等的研究工作。航次考察获取的资料数据将会应用到“中巴经济走廊”终点——瓜达尔海港附近区域的地震、海啸危险性及生态风险评估中。

中巴首航为“超低角度”俯冲系统的重大科学理论突破提供了关键的第一手资料，首次获得莫克兰海沟精细的地壳结构，发现瓜达尔外海海底大型滑坡与海啸的重要证据，提出莫克兰海域夜光藻替代硅藻成为优势种且暴发性生长的新模式。莫克兰海沟计划积累了大量珍贵的数据资料和科研经验，实质性地加强了我国与巴基斯坦等国家在海洋地球科学领域的合作。

航次同时取得了物理海洋、海洋生物生态、沉积学等方面的重要成果，相关论文发表在《地球物理学研究杂志》（*Journal of Geophysical Research*）等国际一流期刊。航次通过现场观测，证实了该海域低氧区内低缺氧水层的深度范围为50 ~ 1 600米，水层厚度超过1 500米，为全球范围内缺氧最为严重的区域之一；综合分析了莫克兰海域生物生态、理化环境要素，首次提出冬季该海域高氮磷营养盐而低硅和适宜的光照环境是甲藻—夜光藻（***Noctiluca scintillans***）替代硅藻成为优势种且暴发性生长的新模式。

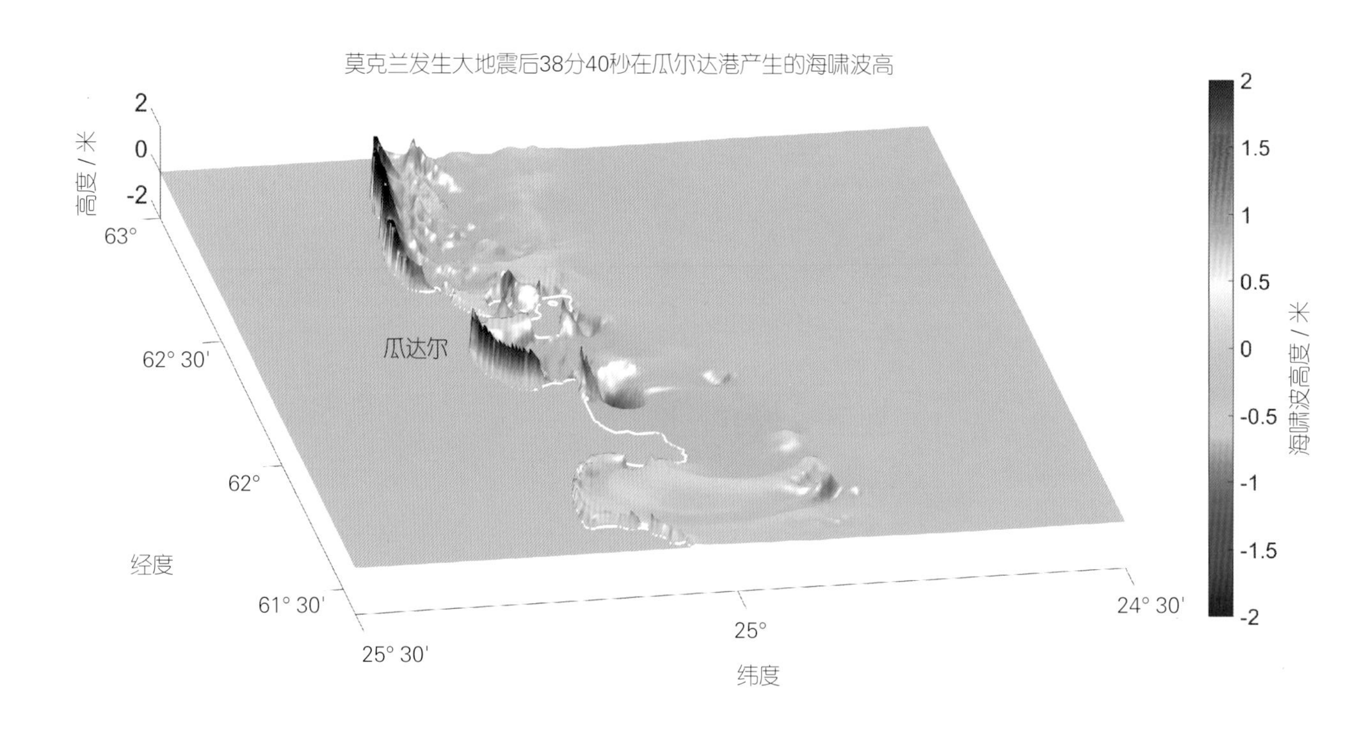

1945年莫克兰海沟发生8.1级大地震产生的海啸波

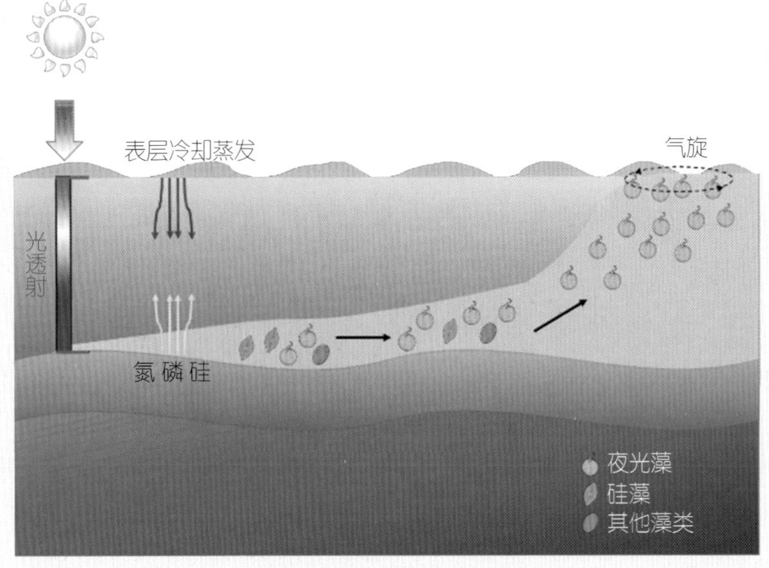

阿拉伯海海域夜光藻替代硅藻类浮游植物成为优势种、形成藻华过程的模式图

中巴首次联合科考航次取得的重要成果，将填补我国对印度洋沿岸地区海洋灾害的认识空白，系统性提升巴基斯坦海洋科学与海洋灾害研究能力。该项研究对“一带一路”沿岸国家的港口建设、灾害防控等安防保障能力具有重要应用价值，为“中巴经济走廊”的安全建设提供强有力的技术支撑，也为在新时代全面开展中巴海洋科技合作奠定了坚实基础。（林间、张帆、李刚、周志远、王月、郭开松）

罗怡鸣（科考队员）

星空与荧光海

“实验3”号轮行驶在北印度洋的海面上，中巴首次印度洋联合科考工作正有序开展。

晚饭过后，我们趁着空闲，沿甲板绕圈散步。这是我最喜欢的船上活动之一，锻炼身体的好处自不必说，最吸引我的还是那满天的繁星。仰望夜空，手持“观星指南”，我们逐渐能够分辨出银河与各种不同的星座。茫茫大海上，一望无际的夜空，数不胜数的星星，这种宏大壮丽的场景在灯火辉煌的城市街道无法得见，这是比童年记忆中的乡下夜晚更璀璨、更闪耀的景象。

我们随船的记者试图用他的专业相机拍下这片星空。他熟练地架好三脚架，装上镜头，调好参数，然而因为船在动，“高清拍摄计划”以失败告终。我们只在手机上留下模糊的照片。世界上最好的相机是自己的眼睛，就让美丽印刻在我们脑海里吧。

手机拍摄的海上星空

视线往下，突然发现不远处有荧光蓝在闪动。再往近看，船侧也有一条条荧光，勾勒出船行的轨迹。或许是因为这里的海水被扰动，所以海面发出荧光。一位同学赶紧拿来捞网，在水里划几下，果然如此！我们瞬间玩兴大发，装来一盆水就往海里泼，海面映出惊艳的荧光蓝水滴形状，还惊动了晚上幽会的飞鱼，使得它们四下逃窜。

第二天上午，这片神秘的荧光海终于掩藏不住身份，被解密了。原来，这里有种夜光藻暴发，晚上是荧光海，到了白天摇身一变，成了"海上森林"。

研究海洋微生物的李教授还告诉我们，这里冬季气候温暖，从中北亚地区刮来的东北季风给这片海域带来了充足的营养盐，这才导致了夜光藻的大规模暴发。

（图片与视频提供：杨宏峰、张帆、罗怡鸣）

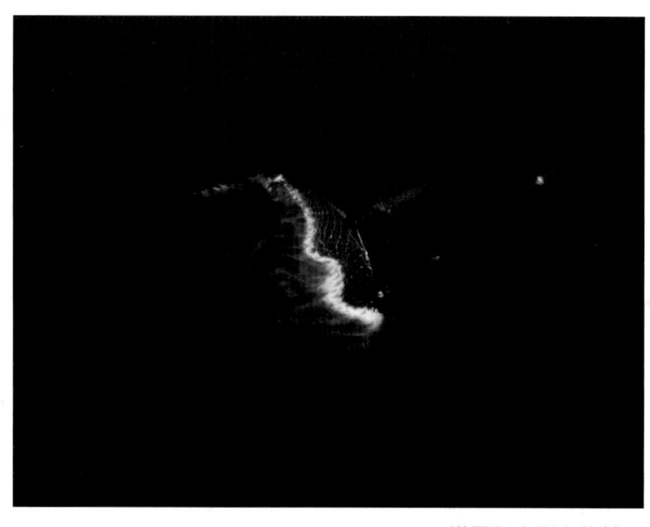
捞网划水形成的荧光

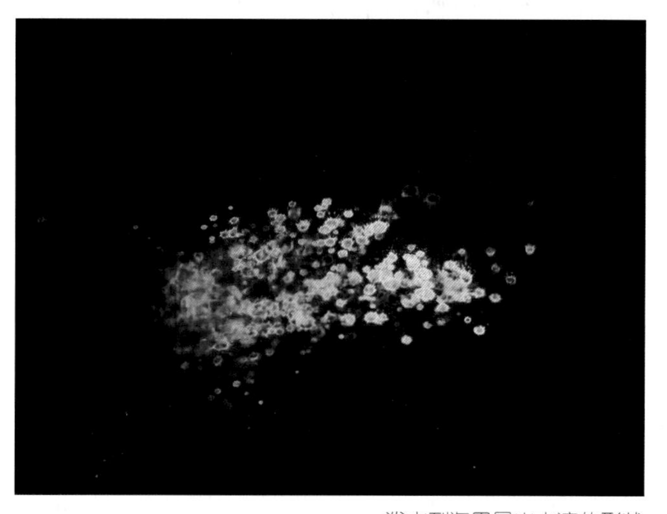
泼水到海里显出水滴的形状

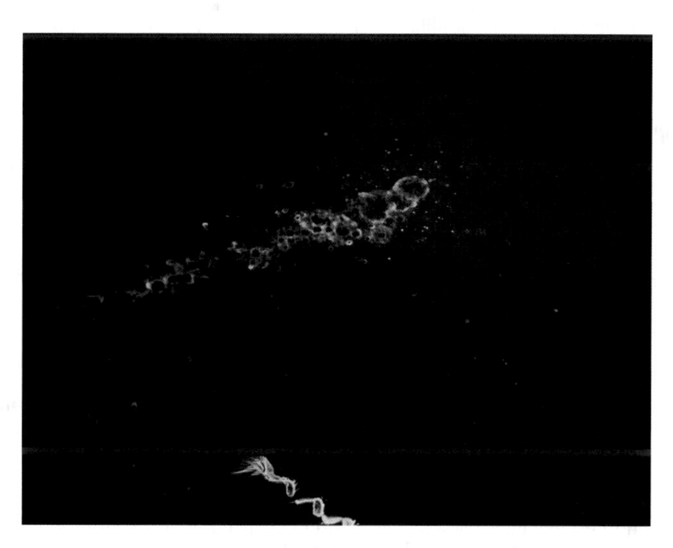
泼水到海面惊动了飞鱼（图片下方）

扫一扫看视频

科研人员在海上科考时拍到的夜光藻暴发

南海海洋考察

2006年南海北部海洋观测开放航次

南海北部海洋观测开放航次，是中国科学院南海海洋研究所为了推动南海北部海洋环境动力变化过程及其生态效应的长期观测研究及重大成果产出、促进海洋科学研究的多学科交叉与整合，从2004年起在国内率先实施的海洋科考计划。

2006年9月，在首席科学家王东晓研究员、考察队长陈荣裕研究员的带领下，中国科学院、国家海洋局、教育部、中国气象局属下14家科研单位共同参与的第三次夏季公开航次正式启动。考察内容包括海洋水文观测、海流及气象观测、上层海洋光学参数测量、海洋生物与生态及化学参数观测、气溶胶测量、海洋沉积物取样等，调查研究海区位于南海北部及其邻近海区的我国传统疆界线内。

9月7日清晨，在举行了简单而又隆重的启航仪式后，“实验3”号考察船缓缓驶离广州新洲码头，开始了对南海北部的综合科学考察。启航时分阴霾的天空似乎预示了接下来航程中天气的恶劣无常——实际上这次短短20多天的航次陆续遭遇了台风、寒潮的影响，海况良好的天数不超过5天。然而，莫测的天威并未吓退科考队员们探索自然的勇气和决心，他们以极大的热情和坚韧的毅力迎接大海的挑战。

南海北部开放航次历经23天的海上调查研究，全航次成功布放、回收一套海洋高光谱辐射实时测量系统，布放一套海洋深水潜标系统和布放、回收一套海洋腐蚀综合试验浮标系统，是同期南海单个航次收放浮标最多的一次。（罗琳）

2006年9月7日，科考队员们在广州新洲码头举行出航仪式

海上科考琐记

罗琳（科考队员）

争分夺秒，投放试验浮标

大海深邃莫测。虽然目前的预报系统已能较精确地预测未来一段时间内的天气及海况，但真正面对威力无穷的大自然时，海上作业往往会遇到许多考验。在确保人员和仪器绝对安全的前提下，如何与恶劣环境抢时间、及时开展项目作业是科考成员们必须面对的问题。

2006年9月10日，西伯利亚冷高压扫过中国，冷锋正悄然向南海袭来，但此刻“实验3”号所处的南海北部依旧风平浪静，透明澄澈的海水让人忍不住想轻掬一把。

在这样一个碧海蓝天的上午，科考队决定开展外单位委托项目海洋腐蚀试验浮标的投放与回收工作。投放的试验装置主要用来测量海水对材料的腐蚀率。另外，一同投放的还有多参数水质测量仪和海流计，主要用来获取海水的温盐深、PH值、溶解氧、氧化还原电位和海流流速、流向等海洋环境数据。此次实验工作主要是为了了解此套装置在整个投放和回收过程中的运行情况，为今后进一步的深海投放实验做好基础工作。

上午10点多，装置投放进入工作阶段，几近零级的海况给投放工作提供了理想的条件。但投放后不久，远方的海面便开始泛起了白浪。种种征兆显示：就要起风了！冷高压的威力不可小觑，大风浪会给回收工作带来极大的困难，甚至有可能导致仪器的损坏或丢失！但如果此刻立即回收仪器，又无法完成试验工作。回收还是不回收？这是横在众人面前的一道难题。

首席科学家和相关科考队员们立即进行紧急商议，在根据实际海况和科考船接收的最新气象图进行了反复的论证和推敲后，毅然决定：试验工作按原计划进行。

时间一分一秒地流逝，眺望蠢蠢欲动的海面，每个人都禁不住捏了把汗。3个小时后，试验工作完成。科考队员和船员们立即在后甲板工作面各就各

“实验3”号的科考人员在回收仪器

位，快速而有条不紊地进行水下浮标的回收。仪器回收工作结束时，已是风起云涌，海天变色，冷锋影响已经开始显现。“实验3”号科考船在顺利完成了试验工作并安全回收了仪器的喜悦中，迎来了本航次中的第一排涌浪。

思患预防，布放深水潜标

受热带气旋的强烈影响，科考船9月12日从东沙群岛海域一路西行，几次尝试海上作业，终因风大浪高而取消，最后停靠于三亚避风。在避风的锚地，我们偶遇了母港在上海的科考船和属于地矿部广州地调局的“海洋四号”科考船（后者与我们的科考船是同一型号同一年代的）。这3艘船彼此是老朋友了，天公不作美，倒使3个“老伙计”相聚三亚湾。据了解，这一段时间我国约有4～5艘科考船在南海海区作业，执行不同的海洋科考任务。

9月15日，天气刚刚有所好转，3艘科考船便迫不及待地启程，分头执行任务。然而，老天十分吝啬，只给了科考人员3天好天气。9月18日下午，科考船收到海上天气预报，南海中部已局地生成一个弱的低气压。当日晚间低气压外围风场就开始影响到了我们调查海区，大风伴着海浪向“实验3”号袭来，晕船现象再次在科考队员中蔓延。

南海是一个台风多发地，除了西太平洋生成的台风很多会进入南海外，局地生成的热带低压、热带气旋也很多，民间把这些天气系统通称为南海土台风。土台风很难预报，其生成过程要么很快，要么很慢，路径也很诡异。一旦台风形成，会严重影响我们的观测和仪器布放计划。

22日凌晨4时，首席科学家发觉风浪稍缓，立刻召集相关科研人员及船长、政委等召开紧急会议，根据最新天气进行讨论。凌晨6时，科考队拍板：就在当日早上提前进行潜标的投放。科考船立刻改道向投放地点全速前进。23日早上9时许，船开到指定地点。一切准备工作

在茫茫大海上与“老伙计”相遇

潜标收放具有很大的风险性，海流剖面仪、浮球、缆绳、释放器、重块及各组成部分间的扣环都不能出现一丝一毫的纰漏

就绪，投放工作开始了！

潜标系统由测量仪器声学多普勒海流剖面仪、浮球、缆绳、释放器和重块组成，各组成部分以扣环相连。此次投放的潜标，设定工作时间为2年，待到预定工作时限，回收人员发射指令，释放器自动与重块脱钩，浮球的巨大浮力带动潜标浮出水面，由回收人员进行回收。潜标收放具有很大的风险性，海流剖面仪、浮球、缆绳、释放器、重块及各组成部分间的扣环都不能出现一丝一毫的纰漏，否则，要么仪器脱钩漂走，要么释放器与重块不能正常断开而使仪器难以上浮。试想，仪器在水面以下500米处不听使唤的话，一般打捞手段都难以奏效。

投放工作甫毕，天空再次蒙上乌云。中午时分，大海掀起惊涛骇浪。这次投放时机拿捏得恰到好处。不久之后，小低压经过数日盘桓、不断演变，终形成南海土台风。

群策群力，抢救受困仪器

9月17号上午11时许，科考船到达指定站点，首次进行海洋化学痕量元素的采样工作。痕量元素采样器简称MITTES，以数个为一组，由缆车牵引投放，可以测定释放断面不同深度的水样中铁元素的浓度。再结合航次中生物生产量、水文、海洋物理等的研究数据，可以分析生物活性痕量元素在南海北部海洋生态系统中的生物地球化学行为和生态学意义。

这是顺应国际大型海洋生物地球化学循环研究计划（GEOT-RACES）而在南海开展的海洋铁化学观测。为了保证样品不受仪器的污染，该仪器装备有非常先进的超高压环境自动开启封装系统。由于海洋中的痕量元素很少，所以对测量仪器精度的要求极高，仪器造价不菲，科考队员很重视此次投放。

根据风向和船体位置，MITTES仪器在船头左舷投放，仪器顺应风向漂离船体。然

回收仪器

而，下午风向发生了转变，船右舷受风发生漂移，顷刻间，仪器被压入船底，并飘到了船体的右侧。如果强行牵引仪器回收的话，仪器可能会与船底发生摩擦碰撞，造成仪器与船体两败俱伤！

几个小时过去了，大家一筹莫展，这时经验丰富的水手长提出了新的思路：在船的右侧回收仪器。在水手长身体力行的指导下，紧张的施救工作开始了。科考队员和船员们在船头左侧将缆绳继续下放，直至在船头右侧水面上也能看得到深度最浅的仪器位置；接着，用四角钩将右侧可见的缆绳从水底捞起，与另外一段钢丝绳连接，并将钢丝绳缠绕到绞盘机上；通过钢丝绳的连接，绞盘慢慢将缆绳拉起回收。随着绞盘的转动，收回来的缆绳盘曲在甲板上越来越多，大家屏息注视着水面。当第一个仪器破水而出，落入科考队员的手中时，众人不约而同地松了口气。

经过5个小时的奋战，整组仪器终于安全收回。此刻，璀璨的晚霞已染红了整个天空。

5个小时的奋战后，璀璨的晚霞也庆祝着我们的胜利

2011年南海海洋断面科学考察冬季航次

南海海洋断面科学考察是科技基础性工作专项项目之一，共规划春夏秋冬四个考察航次，分别于2009年5月、2010年10月、2011年12月、2012年8月执行。其中，2011年12月执行的冬季航次历时46天，航行5 000海里，共进行83个站位观测。观测内容包括：ADCP走航观测，CTD大面观测，自动气象站观测，生态采水，生物、地质拖网，海底沉积物采样等。

航海日志

船名：“实验3”

船长：李友光

使用日期：2011年11月28日

结束日期：2012年1月12日

时间	记事栏
2011年12月10日 星期六	在越南南方外海避风，晴，海况3～4级，傍晚浪高增到约4米。
0002	航行到水深50米左右海区抛锚避风。科考队员开始在甲板值防海盗班。 风还在继续加大，浪成长得更凶猛，涌到船旁的波峰达4米多高。大风推着海浪跃入船尾，往船后甲板灌注，瞬间一片汪洋。 船上实验室、餐厅（也是娱乐场所）已空无一人，大部分人员都躺在床上，晕船厉害的队员床边还备着水桶。 海风呼啸，海面波涛滚滚，浪墙一堵推着另一堵，形成高高的波峰和低低的波谷。
1430	一艘长10米多的颠覆的渔船，拥着大堆浅蓝色网具和白色塑料水漂，向抛着锚的“实验3”号船涌漂过来，与船身中部碰撞。还好颠覆的小船大部分浸入水中，加之网具和水漂的浮力及大浪遇到船体的反射推力，没有对“实验3”号船造成影响。随波逐流的小船沿着大船边往船尾漂离，一路铺满泄漏的油渍。颠覆的船为木船，红褐色的船底脊，时浮时沉于海平面，浅蓝色网具和白色水漂堆出海面上，随浪起

时间	记事栏
1430	伏着。在茫茫的大海突然看到此情景，心"咯噔"了一下，感受到一阵寒气，心情阴沉难受，极担心颠覆的小船里还有遇难者。 颠覆的小船
2317	风浪继续加大，大风大浪推着大船，使锚链承受巨强拉力，锚机上固定锚链的粗扁闸铁已被拉变形。继续僵持下去，会面临锚机控制不住锚链的危险，造成断锚的大船随风浪漂动。水手们冒着大风大浪起锚，计划向南航行寻找安全锚地，估计要航行到3°N以南，才能避开大风大浪的影响。

时间	记事栏
2011年12月16日 星期五	在9°N做站，时阴时晴，海况3～4级，东北风4～5级，大浪，浪高3.5米，午后下雨。
0158	船到达KJ58站，水深852米，大风大浪，船以3节多速度漂移，CTD观测时，放下深度800米，绞车上钢丝绳放出2 000多米。生态采水，地质拖网。
0410	KJ58站作业完成。
0630	船到达KJ59站，水深1 380米，风浪仍然很大，CTD放深1 130米，绞车上钢丝绳放出去超过2 000米。生态采水，生物拖网，地质箱式表层取样。由于船漂移快，采样器到达海底时姿势不垂直，采到的泥样很少。

时间	记事栏
0949	KJ59站作业完成。
1205	到达KJ60站，水深1 628米，浪大，CTD投放1 100米。生态采水，生物拖网。
1415	KJ60站作业完成。
1615	到达KJ61站，水深2 011米，CTD投放1 150米。生态采水，地质拖网。
1750	KJ61站作业完成。 由于风浪不断加大，做站作业困难大、危险大，决定到南沙永暑礁避风。 整夜，船在颠簸中向永暑礁锚地前进，桌面上没固定的物品都滑落在地。这应该是出航以来遇到的最大风浪，船颠簸最厉害的时段。

时间	记事栏
2011年12月17日 星期六	昨夜，一路颠簸，劲风吹着船，甲板上一切固定的东西都摇摆松动，固定不牢的东西被吹飞。真是魔鬼般的一夜，担心船误入大风圈，承受更大的折磨。 早上晴，有阳光，午后转阴，下小雨，海况4级，浪高4～4.5米，船由西驾向永暑礁避风，下午到达永暑礁。永暑礁锚地2级，浪高1.5米。
1425	船进入永暑礁锚地抛锚避风躲浪，但天鹰（Washi，1121）台风预报路经对着永暑礁刮过来，在永暑礁抛锚避风已不合适。
2000	收到南海所所部传真，指示我们注意1121号台风动向，建议我们南下找合适位置避风。船长、首席、政委、轮机长商量后，决定执行所指示，南下避风。
2010	备车，起锚。
2038	启航南下，远躲1121号台风。航行顺风顺浪，航速最快达17.8节。

科考队员：陈荣裕

参考文献

[1] 陈静，陈超. “雪龙2”号极地科考船今启航前往北极考察[EB/OL]. (2020-07-15) [2021-05-18]. http: //www. chinanews. com/gn/2020/07-15/9239061. shtml.

[2] 陈留美，金章东. 沉积物捕获器及其在海洋与湖泊沉降颗粒物研究中的应用[J]. 地球环境学报，2013（3）：1346-1354.

[3] 陈瑜. “两船、六站、三飞机、一基地”，它们为我国极地考察护航[N]. 科技日报，2019-10-11.

[4] 冯华，余建斌，刘诗瑶. 海洋观测再添慧眼[N]. 人民日报，2020-06-12.

[5] 甘子钧. 中国科学院“实验3号”科学考察船赴西太平洋热带海域进行海洋-大气综合考察[J]. 热带海洋，1986（5）：36.

[6] 刘建强，曾韬，梁超，等. 海洋一号C卫星在自然灾害监测中的应用[N].卫星应用，2020-06-25

[7] 刘诗平. 中国造破冰船首航南极破冰记[EB/OL]. (2019-11-26) [2021-05-18]. http://www. xinhuanet. com/pditics/2019-11/26c. 1125276055. htm.

[8] 陆楠. 全球海洋观测系统综述[N]. 中国气象报，2002-07-08.

[9] 罗怡鸣. 我们的征途是星辰大海——中巴首次印度洋联合科考侧记[J]. 国科大，2018.

[10] 乔方利. 中国区域海洋学——物理海洋学[M]. 北京：海洋出版社，2012.

[11] 唐斓. “雪龙2”号极地科学考察破冰船开启航行试验[EB/OL]. (2019-05-31) [2021-05-18]. http: //www.xinhuanet.com/2019-05/31/c_1124569986. htm.

[12] 吴娇颖. “雪龙兄弟”归来：我们的198天极地科考之旅[N]. 新京报，2020-04-30.

[13] 徐兆生. 西太平洋热带海域海洋考察记事[EB/OL]. (2010-07-02)[2021-05-18]. http://www.igsnrr. cas. cn/sqbszn/sqhyl/202005/t20200514_5579296.html.

[14] 许建平. 何谓ARGO计划[J]. 东海海洋，2001（4）：45.

[15] 许建平，朱伯康. ARGO全球海洋观测网与我国海洋监测技术的发展[J]. 海洋技术，2001，20（2）：15-17.

[16] 杨劲松，王隽，任林. 高分三号卫星对海洋内波的首次定量遥感[J]. 海洋学报，2017，39（1）：148.

[17] 叶青，黄林丛，徐晓璐. 实验6号身怀绝技海洋科考再添利器[N]. 科技日报，2020-07-23.

[18] 张淑芝，何辰. 海洋光学浮标[J]. 海洋技术，1995，14（1）：71-75.

[19] 赵焕庭. 西太平洋热带海域海洋-大气考察首航成功[J]. 热带海洋，1986，5（2）：87-88.

[20] 赵宁. 海洋卫星：监测预警的一把利器[N]. 中国自然资源报，2020-05-12.
[21] 朱彧. 国家全球海洋立体观测网：认知海洋的宏伟计划[N]. 中国海洋报，2019-10-01.
[22] D'ANGELO C，WIEDENMANN J. Impacts of nutrient enrichment on coral reefs: new perspectives and implications for coastal management and reef survival [J/OL]. Current Opinion in Environmental Sustainability，2014（7）: 82-93. DOI: 10.1016/j.cosust.2013.11.029.
[23] HONJO S. Marine snow and fecal pellets: the spring rain of food to the abyss[J]. Oceanus，1997，40（2）：2-3.
[24] HUPPERT H E，TURNER JS. Double-diffusive convection[J].Journal of Fluid Mechanism，1981（106）：299-329.
[25] PALTER J B，SARMIENTO J L，GNANADESIKAN A，et al. Fueling export production: nutrient return pathways from the deep ocean and their dependence on the Meridional Overturning Circulation[J]. Biogeosciences，2010，7（11）：3549-3568.
[26] SULLIVAN PP，MCWILLIAMS JC. Dynamics of winds and currents coupled to surface waves[J]. Annual Review of Fluid Mechanics，2010（42）：19-42.
[27] VALDES J R，BUESSELER K O，PRICE J F.A new way to catch the rain[J]. Oceanus，1997（40）：33-35.
[28] WEBER T S，DEUTSCH C. Ocean nutrient ratios governed by plankton biogeography[J]. Nature，2010，467（7315）：550-554.
[29] 带你打卡备受关注的"雪龙2"号[N]. 中国自然资源报，2019-07-15.
[30] 海洋科学综合考察船"科学"号[EB/OL]. [2021-05-18]. http://www.coms.ac.cn/casfleet_kexue/cbjs/cbgk/.
[31] 深海秘境——海底热泉和冷泉[EB/OL].（2017-07-03）[2021-05-18]. http: //www. cas.cn/kx/kpwz/201707/t20170703_4607213. shtml.
[32] 国家海洋局科学技术司. 我国近海海洋综合调查与评价专项——海洋水文气象调查技术规程[S]. 海洋出版社，2006.
[33] 国家技术监督局. 海洋调查规范——海洋气象观测：GB12763. 3-2020[S]. 北京：中国标准出版社，2020.
[34] 国家技术监督局. 海洋调查规范——海洋水文观测：GB12763. 2-2007[S]. 北京：中国标准出版社，2015.
[35] 国家技术监督局. 海洋调查规范——总则：GB12763.1-2007[S]. 北京：中国标准出版社，2015.